Indiĝenoj el malproksimaj steloj

David C. Sterling

Published by David C. Sterling, 2026.

INDIĜENOJ EL MALPROKSIMAJ STELOJ

First edition. March 7, 2026.

ISBN: 979-8233226762

Written by David C. Sterling.

Table of Contents

Ĉapitro 1:

Malkomfortaj demandoj pri nia deveno

Ĝuste nun, legante ĉi tiujn liniojn, vi sidas sur la surfaco de planedo, kiu fulmrapide trairas la kosmon je **107 000 kilometroj en horo**. Vi tion ne sentas. La gravito premas vin al la seĝo per forto, kiun via korpo perceptas kiel normon — kvankam tiu forto iom post iom kunpremas vian spinon, maldikas la diskojn inter vertebroj, kaj vespere vi estas je centimetro malpli alta ol estis matene.

Tio estas normala. Tiel estas organizita la vivo sur la Tero.

Sed pripensu: kial tio estas normala *ĝuste por vi*? Kial la gravito, kiu perfekte konvenas al leonoj, elefantoj kaj formikoj, kaŭzas ĉe homoj kronajn dorsodolorojn jam en la trioka jardeko? Kial nia specio — la sola sur la planedo — amasece suferas pro platpiedo, spinkurbiĝo kaj artikoproblemoj nur pro tio, ke ĝi... ekzistas?

La oficiala respondo estas simpla: ni ĵus releviĝis sur du piedojn, kaj la evolucio ne sukcesis nin optimumigi. Kvar milionoj da jaroj — tio estas nesufiĉa daŭro por perfekta adaptado.

Kvar milionoj da jaroj.

Por komparo: la blataĉoj ne ŝanĝis la bazan konstruon de sia korpo dum **350 milionoj da jaroj** — kaj fartas bonege. Ŝarkoj — **400 milionoj**. Krokodiloj praktike ne ŝanĝiĝis dum **200 milionoj da jaroj** de senerara adaptado. Sed ni, la krono de la kreado, la racia specio, kiu konkeris la planeton — ial ankoraŭ ne povas trankvile travivi eĉ sesdek jarojn sen tio, ke nia propra korpo ekdisfalas sub sia propra pezo.

Strange, ĉu ne?

Tio estas la unua fendo en la perfekta bildo de nia deveno. Ne la sola. Kaj eĉ ne la plej granda.

NI FARU MENSAN EKSPERIMENTON.

Imagu, ke vi estas ekstertera biologo, alveninta sur la Teron por kompili katalogun de la loka vivo. Vi observas ekosistemojn, studas manĝoĉenojn, analizas adaptojn. Kaj jen vi atingas la homon.

La unua afero, kiu vin surprizos: ĉi tiu primato estas praktike senigita de natura protekto. Neniaj ungegoj. Neniaj dentegoj indaj je mencio. Nenia felo por protekto kontraŭ malvarmo. La kurkurrapido — mediokra. La mordforteco — malforta. Eĉ la olfaktado kaj la aŭdkapablo estas signife pli malfortaj ol ĉe la plimulto de samgrandaj mamuloj.

Logika konkludo: ĉi tiu specio devas esti ie en la mezo de la manĝoĉeno. Eble kadavrovoraĵo. Eble kolektanto, kaŝanta sin de predantoj.

Sed ne. Ĉi tiu senprotekta primato estas la domina specio de la planedo. Ĝi vivas en iu ajn klimato: de Antarkto ĝis la ekvatoro, de dezertoj ĝis tropikaj arbaroj. Ĝi transformis la surfacon de la planedo laŭ siaj bezonoj. Ĝi ekstermis la plimulton de grandaj predantoj kaj hegemigis la ceterajn.

Kiel?

La oficiala respondo: racio kaj teknologio. Ni kompensis la fizikan malforton per intelekto.

Bone. Ni akceptu ĉi tiun klarigon. Sed tiam aperas alia demando: kial nia racio estas tiel *superfluanta*?

Por supervivo en la savano ne necesas koni matematikon. Por ĉasi mamuton ne bezonas kapablo al abstrakta pensado. Por kolekti radikojn ne bezonas emo al filozofio. La evolucio estas kruela kaj pragmatisma — ĝi kreas nenion superfluan. La vosto de pavo ekzistas por altiri partneron. La dentegoj de la sable-denta tigro — por ĉasi. Ĉiu adaptado havas klaran funkcion de postvivo.

Sed nia kapablo pripensi la sencon de la vivo? Verki simfoniojn? Pruvi teoremojn? Lanĉi teleskopojn en la kosmon por studi galaksiojn, kiuj neniam influos nian vivon?

Tio ne estas adaptado. Tio estas io alia.

Tio similas al tio, se formula unuo veturaĵo de "Formulo-1" subite troviĝus sur kampara vojo. Ĝi plenumos la taskon, jes. Sed kial tia superflua potenco? Kial tia konstrukomplekseco por simpla veturado sur grunda pado?

Se nia cerbo evoluis por supervivo sur la Tero — kial ĝi kapablas je tiom pli ol tio, kio necesas por tiu supervivo?

EKZISTAS UNU TRAJTO, kiu distingas la homon de ĉiuj aliaj specioj sur la planedo. Ne la racio — delfenoj kaj korniksoj montras impresigan intelekton. Ne la uzo de iloj — ĉimpanzoj kaj maraj lontredoj bone elturniĝas. Ne la socia organizo —

formikoj kaj abeloj kreas sociojn pli kompleksajn ol multaj homaj.

Ne. La ĉefa distingaĵo estas **kompleta perdo de instinkta memoro.**

Lupido, kreskinta en izolado de la siaro, tamen scios, kiel ĉasi. Birdido, neniam vidinta gepatrojn, konstruos neston de ĝusta formo. Araneo plektos reton, eĉ se neniu iam montris al ĝi, kiel tio faratas. La genetika memoro transdonas scion tra generacioj sen ia ajn instruado.

Sed la homo?

La homa infaneto, lasita sen plenkreskuloj, pereos. Ĝi ne scias, kion oni povas manĝi. Ĝi ne kapablas ekbruligi fajron. Ĝi ne komprenas, kiel sin defendi kontraŭ predantoj. Se per ia miraĵo ĝi postvivos — kiel montras kelkaj dokumentitaj kazoj de infanoj, edukataj de bestoj — ĝi ne fariĝos homo en la plena senco de la vorto. Ĝi ne ekparolos. Ne lernos marŝi rektstare. Ne uzos ilojn.

Ĉio, kio faras nin homoj — tio ne estas instinkto. Tio estas *kulturo*. Akirita scio, kiun oni devas transdoni per instruado. Ni estas la sola specio sur la Tero, kiu naskiĝas absolute helpema ne nur fizike, sed ankaŭ mente.

Kial?

Unu el la respondoj de la evolua biologio: nia cerbo estas tro granda por plene formiĝi en la utero, do ni naskiĝas "antaŭtempe" kaj finas la evoluon ekster la patrino. El tio venas la blanka folio de la konscio.

Sed ekzistas ankaŭ alia interpreto. Pli malkvietiga.

Kio se ni ne naskiĝas kun blanka folio? Kio se tio estas *forviŝita* folio? Kio se iam en nia genetika memoro ekzistis informo — sed ĝi estis perdita aŭ... blokita?

Imagu specion, kiu travivis katastrofon tiom vasta, ke la postvivintoj devis komenci de nulo. Sen iloj. Sen lingvo. Sen konteksto. Generacioj, kreskantaj en mondo, por kiu iliaj korpoj kaj mensoj ne estas destinitaj. Scioj, senutilaj en la nova realeco, iom post iom foriĝas el la memoro. Instinktoj, neagantaj en fremda medio, atrofias.

Post mil generacioj restas nur infanoj kun puraj folioj de konscio. Infanoj, kiuj scias nur tion, kion oni instruis al ili. Infanoj, kiuj ne memoras, kiaj estis iliaj malproksimaj prapatroj.

Infanoj kun amnezio.

LA SKEPTIKULO DIROS: "Ĉio tio estas belaj spekulacioj — sed kie estas la pruvoj?"

Justa rimark. Ni rigardu la faktojn. *Nur* la faktojn. Sen interpretoj — ankoraŭ.

Fakto la unua: La homa haŭto ne produktas sufiĉe da D-vitamino ĉe malforta sunradiado — kaj ekbrulas ĉe forta. Ni estas la sola specio, kiu suferas ĉi tiun problemon en tia grado.

Fakto la dua: La cirkada ritmo de la homo en kondiĉoj de izolado de eksteraj tempaj signaloj averaĝe egalas **24 horojn kaj 11 minutojn**. Ni estas konstante desinkronigitaj kun la planedo.

Fakto la tria: La homa akuŝo estas unu el la plej danĝeraj inter ĉiuj mamuloj. La mortindico de patrino kaj infano sen medicina helpo atingas **1–2%**. Por komparo: ĉe la plimulto de primatoj la akuŝo okazas sen komplikaĵoj en **99%** de kazoj.

Fakto la kvara: La homo ne povas sintezi C-vitamino — male al la plimulto de mamuloj. Ni dependas de eksteraj fontoj, kio estas stranga por ĉiomanĝanta specio.

Fakto la kvina: Pli ol **80%** de homoj en maljuneco suferas dorsoDolorojn, ligitajn kun rektstara marŝado. Tio ne estas normo — tio estas sistema problemo de la konstruo.

Ĉiu el ĉi tiuj faktoj havas sciencan klarigon. Evoluaj kompromisoj, freŝaj ŝanĝoj, hazardaj mutacioj. Ĉio estas logika. Sed kune ili komponas strangan bildon: specio, kiu kvazaŭ ne estas plene adapta al la medio, en kiu ĝi vivas. Specio, kies korpo kvazaŭ *memoras* aliajn kondiĉojn. Malpli fortan graviton. Pli longan tagon. Alian spektron de sunlumo.

Kompreneble, oni povas klarigi ĉiun detalon aparte. Sed kiam la detaloj fariĝas tro multaj, oni komencas pripensi: kio se la bildo, kiu kompletiĝas, ne estas tiu, kiun oni montras al ni?

EN LA SCIENCO EKZISTAS principo, nomata "**la razilo de Okam**": ne multipliku estaĵojn sen neceso. La simpla klarigo estas kutime la ĝusta.

La oficiala versio de nia deveno estas simpla: ni aperis ĉi tie, en Afriko, evoluis de komuna prapatro kun la simioj, evoluigis racion kaj disvastiĝis tra la planedo. Rekta linio de la pasinteco al la nuntempo.

Simple. Logike. Pruvite per fosilioj kaj genetiko.

Sed ekzistas unu demando, kiun ĉi tiu versio evitas: kial do ni sentas nin *fremduloj*?

Tio ne estas filozofia abstraktaĵo. Tio estas reala, mezurebla fenomeno. Psikologoj nomas ĝin *"ekzistenca angoro"* —

profunda sento, ke ni ne estas sur nia loko. Ke io mankas. Ke ni forgesis ion gravan.

Ĉiu kulturo sur la Tero havas mitojn pri "la ora epoko" — pri paradizo, el kiu ni estis elpelitaj. Pri tempo, kiam dioj iris inter homoj, kiam la scio estis alirebla, kiam la mondo estis komprenebla. Kaj poste — katastrofo. Superakvo. Falo. Elpelo.

Kaj post ĝi — longa supreniro reen. Turmentiga restarigo de la perdita.

La oficiala scienco forĵetas mitojn kiel primitivajn provojn klarigi la mondon. Sed kio se la mitoj ne estas *klarigoj*? Kio se ili estas *memoroj*?

Distorditaj de la tempo. Kovritaj de metaforoj. Tradukitaj al la lingvo de simboloj kaj dioj. Sed en la bazo — realaj okazaĵoj, tiom traumaj, ke la memoro pri ili transvivas jarmilojn.

Memoro pri tio, kiel la homaro perdis sian hejmon.

ĈI TIU LIBRO NE PRETENDAS al scienca vero. Ni ne havas kosmoŝipon, enterigitan en la sablejoj de Saharo. Ni ne havas eksterterajn artefaktojn, kiujn oni povas meti sur tablon kaj diri: "Jen la pruvo."

Ĉio, kion ni havas — estas *demandoj*.

Kial ni estas tiom malbone adapta al la planedo, kiu laŭdire nin kreis? Kial nia racio estas superflua por la taskoj de supervivo? Kial ni estas obsedataj de la steloj, kvankam ili donas nek manĝon, nek varmon? Kial ĉiu kulturo memoras pri katastrofo kaj elpelo? Kial ni konstruas raketojn kaj revas pri aliaj mondoj — anstataŭ simple vivi, kiel vivas ĉiuj aliaj specioj?

Eble la respondo estas simpla: ni estas scivolemaj. Ni estas ambiciaj. Ni evoluis por demandi.

Aŭ eble ni *serĉas* ion. Ion, kion ni iam sciis — sed forgesis.

Eble ni provas *reveni hejmen*.

ĈI TIU LIBRO ESTAS hipotezo. Mensa eksperimento. Provo rigardi konatajn faktojn el nefamiliara angulo.

Kio se la Tero ne estas nia lulilo, sed nia ekzilo? Kio se ni alvenis ĉi tien iam antaŭ longe, en cirkonstancoj, kiujn ni ne plu memoras? Kio se nia historio komenciĝis ne sur ĉi tiu planedo — sed ie tie, preter la steloj, al kiuj ni rigardas kun tia stranga sopiro?

Ni trairos ĉi tiun vojon kune. Ni ekzamenos la pruvindaĵojn — biologiajn, psikologiajn, kulturajn. Ni konstruos scenaron pri tio, kiel tio povis okazi. Kaj ni provos kompreni, kion tio signifas por ni hodiaŭ.

Sed antaŭ ol ni komencas, vi devas fari unu aferon.

Vi devas por momento *allasi la neeblan*.

Forgesu, kion vi scias. Flankenmestu la lernolibrojs kaj la sciencajn aŭtoritatojn. Imagu, ke la historio, kiun oni rakontis al vi dum la tuta vivo — estas nur parto de la bildo. Ke ekzistas ĉapitroj, kiuj estis elŝiritaj. Paĝoj, kiuj malaperis.

Kaj nun demandu vin: se la homaro *vere* perdus la memoron pri sia deveno — kiel tio aspektus?

Verŝajne ĝuste tiel, kiel aspektas nia mondo.

Specio kun nekredebla racio, fermita en korpo, ne adapta al la vivmedio. Civilizo, obsedita pri reveno al la steloj. Kulturoj, konservantaj nebulajn memorojn pri katastrofo. Homoj, kiuj dum la tuta vivo sentas, ke io mankas — sed ne povas kompreni, *kio* ĝuste.

Bonvenon al la vojaĝo al la rando de la konata.

Bonvenon al la demandoj, kiujn ni timis starigi.

Bonvenon hejmen — se ni trovos, kie ĝi troviĝas.

Ĉapitro 2:
Obsedo pri la steloj kaj la genetika sopiro

Trovu helan nokton. Iru for el la urbo, malproksimen de lumoj kaj fumo. Atendu, ĝis viaj okuloj alkutimiĝos al la mallumo. Kaj rigardu supren.

Kion vi sentas?

Ne pensu. Simple *sentu.*

Plimulto de homoj priskribas ĉi tiun senton egalmaniere: miksaĵo de reverema miro, sopiro kaj stranga rekono. Kvazaŭ io interne respondas al ĉi tiu vidaĵo. Kvazaŭ antikva parto de via cerbo flustras: «*Mi tion memoras*».

Nun ni faru alian eksperimenton.

Montru la noktan ĉielon al hundo. Al ĉevalo. Eĉ al ĉimpanzo — nia plej proksima genetika parenco. Ili rigardos, eble por sekundo interesiĝos pri la brila luno, kaj poste revenos al siaj aferoj. Teraj aferoj. Manĝo, teritorio, sociaj interagoj.

Neniu besto senmove haltados en reverema silento antaŭ la dissemo de steloj. Neniu sentos ĉi tiun strangan vokon. Ĉi tiun neklarigeblan impulson — etendiĝi, supreniri, *reveni.*

Nur la homo.

La astronomo **Karl Sagan** iam diris: «*Ni estas faritaj el stelera materio*». Li celis, ke la atomoj de niaj korpoj estis forĝitaj en la koroj de morteintaj steloj miliardojn da jaroj antaŭe. Scienca fakto, bela metaforo.

Sed kio se tio estas pli ol metaforo?

Kio se nia obsedo pri la kosmo estas ne abstrakta scivolemo, sed *konkreta memoro*? Ne strebado antaŭen, en la nekonatan, sed provo reveni returne, al la forgesita?

RIGARDU LA HISTORION de la homaro. En ĉiu epoko, en ĉiu kulturo, en ĉiu angulo de la planedo homoj faris unu kaj la samon: ili rigardis supren kaj provis kompreni la ĉielon.

Tio ne estas normala. Tio ne kongruas kun la logiko de evolucia supervivo.

Tri mil jarojn antaŭ nia erao, kiam la plimulto de la homaro ankoraŭ loĝis en simplaj kabanoj kaj metalo estis raraĵo, la sumeranoj jam kompilis stelkatalogojn.

Pripensu tion. Homoj, kies ĉefa tasko estis kreskigi rikolton kaj ne morti pro malsanoj, dediĉis valoregan tempon al observado kaj sistemigo de lumopunktoj en la ĉielo. Ili ne nur admirin — ili *kalkulis*. Ili spuris la ciklojn de planedoj kun precizeco, kiu eĉ nuntempajn astronomojn frapas per miro. Ili antaŭdiris eklipsojn. Ili kartografis konstelaciojn.

Kial?

La oficiala respondo: por kalendaro kaj navigado. Steloj helpis determini la sezonojn por semado de kulturoj. Kompreninde.

Sed jen la strangaĵo: la nivelo de precizeco de la sumeraj observadoj estis superflua por agrikulturo. Al kampulo ne necesas koni la precizan revolucioperiodion de Venuso por semi hordeon. Al li ne bezonas mapo de zodiakaj konstelacioj kun angulmezuradoj. Al li sufiĉas scii, kiam venos printempo.

Sed la sumeranoj sciis *tiom pli*.

Ili sciis, ke la Tero estas sfero. Ili konis la precesion de la ekvinoksoj — fenomenon, kiu ripetas sin unufoje ĉiujn **26 000 jarojn**. Ili distingas planedojn de steloj kaj spuris iliajn movojn kun tia minucio, kvazaŭ tio estis vitale grava.

Kvazaŭ ili serĉis ion sur la ĉielo. Aŭ provis ne perdi ligon kun io tie.

NI TRANSIRU TRA KONTINENTO kaj jarmiloJ.

Egipto. La Grandaj Piramidoj de Gizo. La oficiala versio: tomboj de faraonoj, konstruitaj de armeo da sklavoj.

Sed la arkitekturo rakontas ion alian.

La tri ĉefaj piramidoj estas lokitaj kun tia precizeco rilate al la mondpunktoj, ke la eraro estas malpli ol **0,05 gradoj**. Por komparo: plimulto de nuntempa konstruaĵoj havas eraron de pluraj gradoj. La ventolaj koridoroj ene de la piramido estas direktitaj al determinitaj steloj: **Sirio**, **Alnithak** (el la Zono de Oriono), **Thuban** — la Polusa Stelo de tiu tempo.

La aranĝo de la tri piramidoj sur la tero precize ripetas la aranĝon de la tri steloj de la Zono de Oriono sur la ĉielo. Koincido? Eble.

Sed tiam klariga, kial oni konstruu ĉi tiujn monumentajn strukturojn tiel, ke ili montru supren al la ĉielo? Kial dediĉi jardekojn da laboro de milionoj da hom-horoj, por krei montrilon direktitan al la steloj?

Se ĉi tio estas simple tomboj — kial ili estas projektitaj kiel observatorioj?

MAJAO. CENTRA AMERIKO. Civilizo, kiu aperis kaj malaperis longe antaŭ la eŭropa invado.

Ilia kalendaro — la **Longa Kalkulo** — ampleksas **5 125 jarojn**. Ĝi komenciĝas en **3114 a.K.** kaj finiĝas en **2012 p.K.** (de ĉi tie venas la tuta histeria pri la fino de la mondo, sed tio estas alia rakonto).

Sed jen kio estas interesa: kial homoj, vivantaj en ĝangalo sen metalaj iloj, bezonas kalendarion kalkulitan por kvin jarmiloJ? La homa vivo — **50–60 jaroj**. La ekzistodaŭro de imperio — kelkaj jarcentoj. Kia praktika senco havas temposistemo, kiu superas la daŭron de iu ajn homa civilizo?

Krom se... krom se vi provas konservi memoron pri io, kio okazis tre longe. Kaj ne forgesi, kiam tio povas ripeti sin.

La majaoj ankaŭ kalkulis la daŭron de la suna jaro kun precizeco ĝis kelkaj sekundoj. Sen teleskopoj. Sen komputiloj. Ili spuris **Venuon** tiel minucie, ke iliaj datumoj ankoraŭ nun estas uzataj de astronomoj.

Kaj denove la demando: kial?

Tio ne estas kalendaro por semi maizón. Tio estas io alia. Tio estas *obsedo*. Tio estas provo ne perdi ligon kun la ĉielo je ajna kosto.

STONEHENGE. GÖBEKLI Tepe. La Karnakaĵ Ŝtonoj. Dekoj da megalitaj kompleksoj, dismetitaj tra la tuta mondo.

La oficiala arkeologio longe konsideris ilin primitivaj temploj aŭ enterig-lokoj. Sed ju pli ni studas ĉi tiujn strukturojn, des pli evidentiĝas: ili estis konstruitaj por observado de la ĉielo.

Stonehenge estas alineita laŭ la somera solstico. En determinita tago de la jaro la suno leviĝas precize super la «kalkanuma ŝtono», kreante perfektan vizan efekton. Sed tio estas nur la pinto de glacimonto. La plena analizo montras, ke la ŝtoncirklo funkciis kiel kompleksa astronomia komputilo, ebliganta antaŭdiri eklipsojn, ekvinoksojn kaj lunajn ciklojn.

Konstruita ĉirkaŭ **3000 a.K.** Homoj de la neolita epoko, kiuj ne havis skribon, ne havis metalajn ilojn, ne havis radon, kreis astronomian observatorion de tia precizeco, ke ĝi funkcias ĝis nun.

Kial?

Göbekli Tepe en Turkio estas ankoraŭ pli enigma.

Aĝo: ĉirkaŭ **12 000 jaroj**. Tio estas la plej malnova konata monumenta konstruaĵo de la homaro. Ĝi estis konstruita *antaŭ* la invento de agrikulturo, antaŭ keramiko, antaŭ konstantaj loĝejoj. La homoj, kiuj kreis Göbekli Tepe, estas oficiale konsiderataj ĉasistoj-kolektistoj.

Kaj ĉi tiuj ĉasistoj-kolektistoj eltajlis kaj starigis ŝtonajn kolonojn pesantajn ĝis **20 tunoj**, ornamis ilin per kompleksaj basrelievaĵoj de bestoj kaj abstraktaj simboloj, kaj aranĝis ĉion ĉi laŭ astronomaj orientiloj.

Unu el la kolonoj portas desegnaĵon, kiun kelkaj esploristoj interpretas kiel stelmapon — bildadon de konstelacioj tiamaniere, kiel ili aspektis ĉirkaŭ **13 000 jaroj** antaŭe. Se tio vere estas mapo, tiam ĝi estas la plej malnova konata provo de homo bildigi la ĉielon.

Kial? Kia vivneceso devigis homojn de la ŝtona epoko levi plurtunoJn da blokoj, por krei monumenton montranta al la steloj?

Tio ne estas utilitara konstruado. Tio estas akto de kredo. Aŭ akto de *memoro*.

TRAFOLIUMU LA MITOJN de iu ajn antikva kulturo. Iu ajn. Sumera, egipta, greka, hinda, ĉina, majaa, inkaa, polinezia.

Ĉe ĉiuj estas unu komuna temo: **la dioj venis el la ĉielo**.

Fojfoje ili malsupreniris sur nuboj. Fojfoje sur fajraj ĉaroj. Fojfoje sur flugilaj serpentoj aŭ flugilaj palacoj. La detaloj varias, sed la esenco estas sama: la dioj estis tie, supre, kaj poste venis ĉi tien, malsupren.

Kaj kiam ili venis, ili alportis *scion*.

La sumera dio **Enki** instruis al homoj skribon, matematikon kaj agrikulturon. La egipta **Toth** — astronomion kaj medicinon. La greka **Prometeo** — fajron kaj artojn. La majaa **Kukulkán** — kalendarion kaj arkitekturon. La hindaj *devatāoj* en la Vedoj flugis sur **vimanojn** — flugilajn aparatojn priskribatajn kun miriga teknika precizeco.

La moderna interpreto: ĉi tio estas metaforoj. Antikvaj homoj klarigis la devenon de kulturo per mitoj pri dioj.

Sed ekzistas strangaĵo.

Kial preskaŭ ĉiu kulturo sendepende de ĉiuj aliaj kreis miton pri tio, ke la scio venis *de ekstere*? Kial neniu diris: «Ni mem ĉion ĉi elpensis — ni estas bonegaj»? Kial ĉiam ekzistas perantulo — estaĵo de supre, kiu malsupreniris kaj instruis?

Kaj kial la dioj ĉiam *revenis returne al la ĉielo*, promesante iam reveniri?

NI ANALIZU UNU KONKRETAN ekzemplon.

La Dogono — tribo en **Malio**, Okcidenta Afriko. Ĝis la komenco de la **XX-a jarcento** ili vivis en plena izolado de la okcidenta civilizo. Nenia kontakto kun moderna scienco.

Kaj ili havis legendon.

Legendon pri tio, ke iliajn prapatrojn vizitis estaĵoj de la «stelo Po» — nevidebia stelo, kiu orbitas ĉirkaŭ Sirio. Ĉi tiuj estaĵoj, nomataj **Nommo**, instruis al la Dogono astronomion kaj agrikulturon.

Scivola mito. Sed jen kio estas stranga: kiam francaj etnografoj en la **1930-aj jaroj** registris ĉi tiun legendon, ili malkovris, ke la Dogono sciis pri la ekzisto de **Sirio B** — la satelit-stelo de Sirio.

La problemo: Sirio B estas nevidebla per nuda okulo. Ĝi estis malkovrita de okcidentaj astronomoj nur en **1862** per teleskopo. La Dogono ne havis teleskopojn. Sed ili sciis pri ĝi. Ili eĉ sciis, ke ĝi orbitas ĉirkaŭ Sirio kun periodo de **50 jaroj** (la reala periodo — **50,1 jaroj**).

Kiel?

Skeptikuloj supozas, ke la Dogono povis aŭdi pri la malkovro de misiistoj. Eble. Sed eĉ tio ne klarigas, kial ili enkonstruis ĉi tiun informon en antikvan miton pri estaĵoj de tiu stelo.

Kaj tio ne klarigas, kial ilia mito asertas, ke la Nommo flugvenis sur «arko», kiu alteriĝis kun grumblado kaj fajro. Priskribo, kiu sone suspekte similas al la alteriĝo de kosmoŝipo.

NI TRANSIRU DE MITOJ al io pli tuŝebla.

Rokpentraĵoj. La plej antikvaj konataj bildoj kreitaj de homoj datiĝas ĉirkaŭ **40 000 jarojn** antaŭe. **La Kaverno de Chauvet** en Francio. **La Kaverno de Altamira** en Hispanio. Centoj da similaj lokoj tra la tuta mondo.

Kion pentris niaj prapatroj? Ĉefe bestojn. Bizonojn, ĉevalojn, mamutojn — estaĵojn, kiujn ili ĉasis. Kompreninde: arto kiel parto de ĉasa magio.

Sed estas ankaŭ aliaj bildoj. *Strangaj.*

Homformaj figuroj en tio, kio aspektas kiel kosmosuit aŭ kaskedo. Objektoj en la ĉielo — cirkloj, spiraloj, neklarigeblaj geometriaj formoj. Estaĵoj kun grandegaj kapoj kaj grandaj okuloj, tute ne similaj al homoj aŭ konataj bestoj.

Arkeologoj nomas ilin «ŝamanaj vizioj» aŭ «spiritaj estaĵoj». Probable, tiel ĝi estas. Homoj ĉiam bildis tion, kion ili vidis en ŝanĝitaj konsciostatoj.

Sed jen kio estas interesa: ĉi tiuj «vizioj» aperas en diversaj kulturoj, sur diversaj kontinentoj, apartigitaj de miloj da kilometroj kaj miloj da jaroj. Kaj ili estas frapante similaj.

Antropomorfaj figuroj kun grandegaj kapoj kaj okuloj. En la kavernoj de **Tassili n'Ajjer** en Saharo — la «Granda Dio de Marso», kiel ĝi estis baptita, bildado de plurmetra alto, datiĝanta ĉirkaŭ **6000 a.K.** En Aŭstralio — la **Wondjino**, kreaj spiritoj de la aborigenoj, ĉiam pentataj kun grandaj kapoj, sen buŝo, en aŭreolo de lumo. En Sudameriko — figuroj sur la **Nasca-altebenaĵo**, videbla nur el la alteco.

Koincido? Universalaj arketipoj de la homa subkonscio?

Aŭ *memoro*? Distordita, tradukita al la lingvo de simboloj — sed memoro?

ONI POVAS DIRI: «BONE, antikvaj homoj estis obsedataj pri la ĉielo, ĉar ili ne komprenis ĝin. Tio estis timo antaŭ la nekonata, vestita en religion».

Bonege. Tiam klarigi la **XXI-an jarcenton**.

Ni komprenas la kosmon. Ni scias, ke steloj estas termonukleaj reaktoroj. Ni scias, ke sur Marso ne estas dioj. Ni deĉifris la meĥanikon de la Universo ĝis kvanta nivelo.

Kaj kion ni faras kun ĉi tiu scio?

Ni elspezas *miliardojn* por kosmaj programoj. Ni lanĉas teleskopojn al la rando de la Sunsistemo. Ni sendas robotojn por bori Marson serĉante spurojn de bakterioj. Ni konstruas radioteleskopojn, por aŭskulti la kosmon en espero aŭdi signalon de aliaj civilizioj.

El pure ekonomia vidpunkto — tio estas frenezo.

Sur la Tero regas malsato, malsanoj, militoj. Miliardoj da homoj vivas en mizero. La klimata krizo minacas detrui la civilizacion. Kaj kion ni faras? Ni elspezas monon por sendi sondilon al **Plutono**. Al pigmea planedo ĉe la rando de la sunsistemo, kiu neniam, *neniam* alportos al ni praktikan profiton.

Kial?

Demandu la sciencistojn. Ili diros: «Ĉar ni devas scii. Ĉar ĝi estas parto de la homa naturo — esplori».

Sed tio ne estas respondo. Tio estas priskribo de la simptomo.

Kial ĝi estas parto de la homa naturo? Kial neniu alia inteligenta estaĵo sur la Tero — delfenoj, elefantoj, primatoj

— montras ion similan? Ili esploras sian vivmedion. Ili estas scivolaj en la limoj de sia ekologia niĉo.

Sed ni rigardas al la steloj kaj diras: «*Ni devas tien alveni*».

EN **1977** NASA lanĉis du sondilojn — **Voyager-1** kaj **Voyager-2**. Ilia ĉefa misio — studi la eksterajn planedojn — estis plenumita antaŭ la fino de la **1980-aj jaroj**. Sed la sondiloj daŭre flugis.

Nun ili troviĝas en interstelaespaco, pli ol **20 miliardoj da kilometroj** for de la Tero. Iliaj instrumentoj preskaŭ ne funkcias. La signalo apenaŭ atingas nin. Post kelkaj jaroj la ligo rompiĝos tute, kaj ili iĝos silentemaj senditoj, drivantaj en la vakuo dum miliardoj da jaroj.

Sur ĉiu el ili estas fiksita ora plaketo — la «**Ora Disko**». Sur ĝi — bildoj de la Tero, sonoj de la naturo, salutoj en **55 lingvoj**, muziko de Baĥo ĝis Ĉak Berry.

Mesaĝo al eksterteranoj, kiujn ni neniam renkontis kaj kies ekziston ni eĉ ne pruvis.

Kial ni tion faris?

La oficiala versio: simbola gesto, mesaĝo al estontaj generacioj.

Sed pensu pli profunde. Ni sendis botelon kun mesaĝo en la kosman oceanon. Ne sciante, ĉu estas iu tie. Ne sciante, ĉu iu iam trovos ĝin.

Tio ne estas logiko. Tio estas *espero*. Aŭ sopiro.

Tio estas provo diri al la Universo: «*Ni estas ĉi tie. Memoru nin. Ni ne forgesis*».

Ne forgesis *kion*?

ĈU EKZISTAS GENETIKA memoro? Ĉu traŭmata sperto de prapatroj povas elpremi sin en la DNA kaj transiri al idoj?

La oficiala genetiko longe respondis: ne. Rememoraĵoj ne estas koditaj en genoj. Vi ne povas heredi timon antaŭ serpentoj de avino, kiun serpento mordis.

Sed poste aperis *epigenetiko*.

Esploradoj montris, ke traŭmata sperto povas ŝanĝi la esprimon de genoj — ne la DNA-sekvencon mem, sed kiel genoj estas aktivigitaj. Kaj ĉi tiuj ŝanĝoj povas transpasi al la sekvaj generacioj.

La fama eksperimento: musojn kutimigis timi certan odoron, asociante ĝin kun elektra ŝoko. La idoj de ĉi tiuj musoj, neniam submetitaj al la ŝoko, montris timon antaŭ la sama odoro. La tria kaj kvara generacioj — same.

Memoro pri traŭmo, transdonita tra generacioj.

Alia ekzemplo: esplorado de la idoj de Holocaŭst-postvivintoj montris ŝanĝojn en genoj ligitaj al streso. Infanoj kaj genepoj de viktimoj portis biologiajn markojn de traŭmo, kiun ili mem ne travivis.

Se mallongdaŭra traŭmo povas lasi genetikan spuron dum kelkaj generacioj — kion do oni povas diri pri katastrofo, kiu kovris tutan specion?

Kio se la sopiro al la steloj estas ne romantika metaforo, sed *laŭvorta genetika memoro*? Eĥo de katastrofo tiom vasta, ke ĝi elpremiĝis en la propra strukturo de nia ekzisto?

Kio se ni rigardas al la ĉielo kaj sentas sopiron, ĉar ie profunde, sur nivelo neatingebla al la konscio, ni *memoras* — ke tie estis hejmo?

JEN EKZERCO.

Demandu iun ajn infanon, kie estas lia hejmo. Li montros la domon. Demandu plenkreskulon, vivanta en eksterlando dum tridek jaroj, kie estas lia hejmo. Li meditos. Eble li nomos la naskiĝlandon. Eble diros: «*Mi jam ne scias*».

Kaj nun imagu specion, kiu forlasis sian denasan mondon antaŭ miloj da generacioj.

Por la unua generacio — tio estas tragedio. Ili memoras la planeton, kiun ili perdis. Ili rakontas al infanoj pri la blua ĉielo, pri la kutima gravito, pri la hejmo, al kiu oni iam revenos.

La dua generacio aŭskultas ĉi tiujn rakontojn kun sopiro. Ili neniam vidis la denasan mondon, sed kredas al ĝi.

La tria generacio rilatas al la rakontoj kiel al mitoj. Belaj, sed nerealaj.

La kvara — kiel al fabeloj por infanoj.

La deka generacio entute ne memoras, de kie venis ĉi tiuj fabeloj. Ili konas nur la metalajn koridorojn de la ŝipo. Aŭ, se la ŝipo jam alteriĝis — la ĝangalojn kaj savanojn de fremda planedo.

Post cent generacioj la historio estas forgesita. Restis nur malklara maltrankvilo. Sento, ke io estas malĝusta. Ke la ĉirkaŭanta mondo ne estas tia, kia ĝi devus esti.

Kaj stranga, neklarigebla altiro al la steloj.

Ne ĉar ni volas tien alveni. Sed ĉar parto de ni memoras: *ni de tie venis.*

ĈIU KOSMA PROGRAMO. Ĉiu teleskopo. Ĉiu raketo — tio estas provo respondi al voko, kiun ni ne komprenas.

Karʌ Sagan diris: *«Ie io nekredebla atendas, ke ĝi estu malkovrita»*.

Sed eble ni ne serĉas la nekredeblan. Eble ni serĉas la *forgesitan*.

2021. La teleskopo **James Webb** — la plej potenca observa instrumento iam kreita de la homaro — estas lanĉita en la kosmon. Lia tasko — rigardi al la rando de la Universo, al la plej komenco de la tempo.

Kial?

«Por kompreni, de kie ni venis», — diras la sciencistoj.

Ĉu vere? Aŭ ĉu tio estas raciigo de pli profunda impulso?

Eble ni rigardas en la profundan kosmon ne por kompreni la abstraktan devenon de vivo. Eble ni serĉas ion *konkretan*. Ion, kion ni iam sciis — sed forgesis.

Ni serĉas *hejmon*.

ĈI TIU ĈAPITRO KOMENCIĜIS per simpla observo: la homo estas obsedita pri la steloj.

Sed tio ne estas simple scivolemo. Scivolemo klarigatas per bezono de supervivo. La evolucio instigas scivolemon, kiu alportas profiton.

Kia profito estas elspezi rimedojn por studi objektojn je milionoj da lumjaroj de ni? Nenia. El vidpunkto de supervivo — tio estas malŝparo.

Kaj tamen ni tion faras. Ni ne *povas* ne fari.

Ĉar tio ne estas elekto. Tio estas *imperativo*. Skribita ie pli profunde ol kulturo. Pli profunde ol racio.

En genoj. En sango. En la propra strukturo de tio, kiaj ni estas.

Ni estas specio, kiu rigardas al la steloj kaj sentas sopiron. Kiu konstruas observatoriojn antaŭ ol urbojn. Kiu sendas mesaĝojn en la vakuon en espero, ke iu respondos.

Aŭ *memoros*.

Memoros *nin*.

Memoros, ke ni iam estis iliaj infanoj. Kaj ke ni ankoraŭ provas trovi la vojon hejmen.

Ĉapitro 3:
Fizika misadaptado al la Tero

Ni faru mensan eksperimenton.

Prenu homon. Mezuman, sanan plenkreskulon. Senvestigu lin tute, forprenu ĉiujn ilojn, ĉiun teknologion. Lasu lin nudan, tia kia la naturo lin kreis.

Kaj poste liberigi lin en la sovaghan naturon. En iun ajn ekosistemon sur la Tero — ne gravas kian. La tropika arbaro de Amazono. La afrika savano. La tajgo de Siberio. La dezerto Saharo.

Mezuru la tempon. Kiom longe li postvivos?

En modera klimato, kun aliro al dolĉa akvo — eble unu semajnon. En ekstremal kondiĉoj — kelkajn horojn. Sen fajro, sen ŝirmejo, sen vestaĵo la homo pereos pro malvarmigo eĉ en sufiĉe milda klimato. Ĉe temperaturo de **+10°C** kaj pluvo. Kondiĉoj, en kiuj lupo aŭ urso sentas sin komforte.

Nun faru la samon kun iu ajn alia besto. Leono. Lupo. Eĉ simio — nia plej proksima parenco, kiel oni nin instruas.

Ili postvivos. Pli ol tio — ili prosperos. Ĉar iliaj korpoj estas kreitaj por ĉi tiu medio.

Nia — ne.

LA HOMO ESTAS LA SOLA estaĵo preskaŭ tute senhareca.

La oficiala klarigo: ni perdis la felon, kiam ni malsupreniris el la arboj en la savanon. Densa pelo malhelpis malvarmiĝon dum longa kurado sub bruliga suno. Anstataŭe ni evoluigis ŝvitglandojn — la plej efikan malvarmigsistemon inter ĉiuj teraj mamuloj.

Tio soniĝas logike. Ekzistas nur unu problemo.

Se ni evoluis por vivo en varmega klimato — kial nia haŭto tiel facile ekbrulas sub la suno? Kial *melanomo* — haŭtokancero — estas unu el la plej disvastigitaj formoj de onkologio ĉe homoj de eŭropa deveno? Kial nia haŭto, laŭdire adaptiĝinta al la afrika suno, reagas al ultravioleto kiel al tokso?

Jes, ĉe malhelhaŭtaj popoloj la situacio estas pli bona. La melanino protektas. Sed eĉ ĉe ili sunbruloj estas eblaj dum longa ekspozicio. Ĉe helhaŭtaj homoj — katastrofo. Du horoj sur plaĝo sen protekto, kaj la haŭto ruĝiĝas, vezikiĝas, mortis.

Por komparo: zebro en la sama afrika savano staras sub la sama suno la tutan tagon. Ĉiun tagon. La tutan vivon. Kaj neniaj bruloj. Elefanto. Ĝirafo. Antilopo. Neniaj problemoj.

Nur la homo, laŭdire kreita por ĉi tiu klimato, bezonas artefaritan protekton — vestojn, ĉapelojn, sunprotektan kremon — simple por ekzisti en la medio de sia «deveno».

Tio ne estas adaptado. Tio estas miskongruo.

STARIĜU REKTE. SENTU vian spinon.

Se vi estas pli aĝa ol tridek jaroj, verŝajne vi sentas malkomforton. Eble malfortan doloron en la lumboj. Streĉon en la kolo. Ĉe kvindek — tio estas preskaŭ garantio. Ĉe sepdek — kronika problemo.

La statistiko estas senkompata: pli ol **80%** de homoj dum la vivo spertas seriozajn dorsodolorojn. *Hernioj de intervertebraj diskoj. Skoliozo. Osteoĥondroso. Protruzoj.*

La oficiala klarigo: ni ĵus releviĝis sur du piedojn, la spino ankoraŭ ne adaptiĝis. La evolucio estas en procezo.

Bone. Sed kiel estas kun aliaj dupieduloj?

Birdoj. Milionoj da specioj, el kiuj multaj pasas la plimulton de la tempo sur du piedoj. Neniaj amasaj spinproblemoj. Kanguroj. Ilia ĉefa mova maniero — saltoj sur la malantaŭaj kruroj. Kolosala ŝarĝo sur la spino kaj pelvo. Ili elturniĝas sen problemoj.

Eĉ niaj tiudiraj prapatroj — primatoj, kiuj foje marŝas sur du piedoj — ne montras tiajn patologiojn. Goriloo povas marŝi rekte. Ĉimpanzo ankaŭ. Sed ĉe ili ne ekzistas epidemio de dorsodoloro.

Nur ĉe ni.

Ni rigardu la konstruon de la spino pli detale.

La homa spino havas **S-forman kurbon**. La cervikal fleksio antaŭen, la toraka malantaŭen, la lumba denove antaŭen. Ĉi tiuj kurbiĝoj laŭteorie devas distribui la pezon kaj amortizi la ŝarĝon.

Sed la konstruo funkcias malbone. La *intervertebraj diskoj* — kartilaginaj remboĵoj inter la vertebroj — konstante estas premitaj sub la korpopezo. Vespere vi estas je **1–2 centimetroj** malpli alta ol matene. Nokte la diskoj restaŭriĝas. Sed kun la aĝo ĉi tiu kapablo malfortiĝas. La diskoj maldikiĝas. Komenciĝas degenero.

Tio okazas al ĉiuj. Eĉ se vi ne laboras fizike peze. Eĉ se vi havas perfektan sintenon. Simple pro tio, ke vi ekzistas en vertikala pozicio.

Inĝeniera analizo montras: la homa spino estas projektita kvazaŭ kalkulita por malpli granda ŝarĝo. Kvazaŭ ĝi estis kreiita por korpo, kiu pezas malpli. Aŭ por medio, kie la gravito estas pli malforta.

PRENU ALIAN PROBLEMON: *platpiedo.*

Ĉe suĉinfanoj la plando estas plata. La arko formiĝas ĝis **5–7 jaroj** sub la influo de marŝado. Tio estas normala parto de la evoluo.

Sed jen la strangaĵo: ĉe signifa procento de homoj (de **20%** ĝis **30%** depende de la populacio) la arko ne formiĝas ĝuste aŭ malleviĝas kun la aĝo. Platpiedo. Kaj tio ne estas simple kosmetika problemo. Tio estas doloro. Perturbado de la biomeĥaniko. Problemoj kun genuoj, koksoj, spino.

Por kio la evolucio kreis la plandarkon? Por amortizado dum marŝado kaj kurado. Sen arko la frapa ŝarĝo transiras rekte en la artojn, detruas ilin.

Sed se la arko estas tiom grava — kial ĝi tiel ofte formiĝas malĝuste? Kial la konstruo estas tiom fragila, ke ĉe triono de la homaro ĝi fiaskas?

Komparu kun aliaj bestoj. Ĉe lupoj, cervoj, katoj — ĉe iu ajn kuranta mamulo — la piedoj funkcias perfekte. Milionoj da kilometroj da kurado dum la vivo, kaj neniaj problemoj. La konstruo estas ĝisprefiĝinta de la evolucio al la idealo.

Sed niaj piedoj disfalas pro simpla marŝado.

Kvazaŭ ili estis kreitaj por aliaj kondiĉoj. Por malpli granda gravito, kie la ŝarĝo estus pli malalta, kaj la neperfekta konstruo estus sufiĉe bona.

LA HOMA AKUŜO ESTAS unu el la plej danĝeraj inter ĉiuj mamuloj.

Sen moderna medicino la patrina mortindico estas ĉirkaŭ **1–2%**. Tio signifas, ke ĉiu centa virino mortas dum akuŝo. La infana mortindico estas ankoraŭ pli alta — ĝis **5–10%** en antaŭindustriaj socioj.

Por komparo: ĉe primatoj akuŝo preskaŭ neniam finiĝas per la morto de la patrino. Goriloo, ĉimpanzo, orangutano — ili akuŝas rapide, preskaŭ sen doloro, kaj preskaŭ ĉiam sukcese.

Kial ĉe ni ĝi iras tiel malbone?

La oficiala klarigo: konflikto inter du evoluaj postuloj. Nia cerbo estas grandega — **1300–1400 kubaj centimetroj**, trifoje pli granda ol ĉe ĉimpanzo. Granda cerbo postulas grandan kapon. Sed ni ankaŭ marŝas rekte, kio postulas mallarĝan pelvo por efika biomeĥaniko.

Rezulto: la kapo de la suĉinfano apenaŭ trapasas la naskiĝkanalon. La procezo estas turmentiga, longa (averaĝe **8–18 horoj** ĉe unua akuŝo), kaj ofte finiĝas per komplikaĵoj.

Evoluia kompromiso. Tio soniĝas prudente.

Sed estas strangaĵoj.

Unue, homaj suĉinfanoj naskiĝas ekstreme nematuraj. Ni nomas tion *«la kvara trimestro»* — la unuaj tri monatoj post la naskiĝo la infano, esence, ankoraŭ devus esti en la utero. Li ne povas teni la kapon, ne povas rampi, ne povas postvivi sen konstanta zorgo.

Ĉevalido stariĝas sur la piedojn unu horon post la naskiĝo. Bovido — post kelkaj minutoj. Eĉ simia ido povas kroĉiĝi al la patrino kaj moviĝi kun ŝi.

Homa suĉinfano estas helpema preskaŭ dum tuta jaro. Plena dependeco de plenkreskuloj. El vidpunkto de supervivo — tio estas katastrofo. La patrino ne povas forkuri de predanto. Ne povas ĉasi. Apenaŭ povas kolekti manĝaĵon.

Kial la evolucio permesis tian vundeblecon?

La norma respondo: tio estas la pago por granda cerbo. La suĉinfano naskiĝas frue, por ke la kapo trapasu la pelvo, kaj finas la evoluon ekstere.

Sed jen la demando: se tio estas tia bona kompromiso — kial neniu alia specio iris ĉi tiun vojon? Kial nur la homo pagas tian monstran prezon por racio?

Ekzistas ankaŭ alia detalo.

La homa pelvo ne estas simple mallarĝa. Ĝi estas strange konstruita. La naskiĝkanalo ne estas rekta, sed kurba. La suĉinfano devas fari **90-gradan rotacion** dum la pasado. La kapo eniras vizaĝflanken, eliras vizaĝmalantaŭen.

Pro ĉi tio la homo estas la sola estaĵo, kiu ne povas mem akuŝi. La virino fizike ne povas atingi la suĉinfanon en la ĝusta momento kaj helpi al li eliri. Ŝi bezonas helpon.

En ĉiuj homaj kulturoj, eĉ la plej primitivaj, ekzistas akuŝistoj. Tio estas universaliaĵo. Ĉar sen helpo akuŝo ofte finiĝas per morto.

Ĉe ĉimpanzoj ne ekzistas akuŝistoj. La ino foriras flanken de la grupo, akuŝas dum unu-du horoj, kaj revenas kun la ido. Tio estas ĉio.

Nia korpo kvazaŭ estas projektita malĝuste. Kvazaŭ la partoj ne kongruas. Granda kapo kaj mallarĝa pelvo — ne kompromiso, sed konflikto. Inĝeniera eraro.

Aŭ adaptado al kondiĉoj, kiuj jam ne ekzistas.

NI REVENU AL LA HAŬTO.

La homa haŭto estas stranga organo. Unuflanke, ni bezonas sunon. Ultravioleto estas necesa por sintezi **vitaminon D**, kiu estas kritika por la sano de ostoj, de la imuna sistemo, por dekoj da biologiaj procezoj.

Sed aliflanke, la sama suno detruas nian haŭton. Ultravioleto damaĝas la DNA de la ĉeloj. Kaŭzas mutaciojn. Kondukas al kancero.

La ekvilibro estas nekredinde fragila. Tro malmulte da suno — manko de vitamino D, rahito, malfortigita imuneco. Tro multe — bruloj, antaŭtempa maljuniĝo, melanomo.

Kaj ĉi tiu ekvilibro forte dependas de la latitudo. Ĉe la ekvatoro da suno estas tro multe. En Skandinavio — tro malmulte. La homaro provis solvi ĉi tiun problemon per la evolucio de pigmentado: malhela haŭto en la sudo, hela en la nordo.

Sed eĉ tio funkcias malbone.

Malhelhaŭtaj homoj, loĝantaj en nordaj latitudoj, amasece suferas pro manko de vitamino D. Helhaŭtaj en la sudo — pro haŭtkancero. La migrado de la homaro tra la planedo kreis medicinan koŝmaron, ĉar neniu haŭtotono estas universale optimuma.

Komparu kun bestoj.

Blanka urso vivas en Arkto. Nigra urso — en moderaj arbaroj. Ambaŭ fartas bonege. Ilia pelo kaj haŭto estas perfekte adaptiĝintaj al la loka nivelo de sunradiado. Neniaj problemoj.

Kial ni havas tian problemon? Kial nia haŭto ne elturniĝas kun la suno de la planedo, sur kiu ni laŭdire evoluis?

Ekzistas teorio, kiun oni kutime ne konsideras serioze — sed kiu klarigas multe.

Kio se la homa haŭto estas adaptiĝinta al alia tipo de stelo?

Steloj ekzistas de diversaj klasoj. Nia Suno estas **G-klasa stelo** — flava nano. Ĝi radias larĝan spektron, inklude potencan ultravioleton.

Sed ekzistas **K-klasaj steloj** — oranĝaj nanoj. Ili estas pli malvarmaj, radias malpli da ultravioleto, pli da infraruĝa. Ili ankaŭ vivas pli longe — ĝis **50 miliardoj da jaroj** kontraŭ **10 miliardoj** ĉe nia Suno. Tio faras ilin eble pli bonaj kandidatoj por la evoluo de kompleksa vivo — pli da tempo por adaptado.

Se la homo evoluis sub oranĝa nano, tiam subite multe fariĝas komprenebla.

Malpli da ultravioleto — malpli da bezono de malhela haŭto. Tial la problemoj kun la ekvilibro de pigmentado. Tial vitamino D, kiun ni ne povas normale sintezi sub nia Suno.

Ĉu tio estas spekulacio? Kompreneble. Sed ĝi klarigas la faktojn pli bone ol la norma modelo.

ĈE ĈIU VIVANTA ESTAĴO sur la Tero ekzistas **cirkada ritmo** — internaj biologiaj horloĝoj, regulantaj la ciklon de dormo kaj viglo.

Ĉe la plimulto de organismoj ĉi tiu ritmo precize kongruas kun la **24-hora tago** de la Tero. Plantoj malfermas kaj fermas la foliojn. Bestoj dormas kaj vekiĝas. Ĉio estas sinkronigita kun la rotacio de la planedo.

Sed ĉe la homo?

Eksperimentoj en kondiĉoj de plena izolado de eksteraj tempaj signaloj (sen horloĝoj, sen sunlumo, sen sociaj kontaktoj) montras: la natura cirkada ritmo de la homo estas ĉirkaŭ **24 horoj kaj 11 minutoj**.

Kelkaj studoj montras eĉ pli grandajn deviojn — ĝis **24,5–25 horoj** ĉe individuaj personoj.

Ni estas konstante desinkronigitaj kun la planedo. Niaj internaj horloĝoj iras pli malrapide ol la Tero rotacias. Ĉiun tagon ni iomete «malfruas». Kaj ĉiun tagon ni estas devigitaj perforte korigadi nin mem per eksteraj signaloj — sunlumo, vekhorloĝoj, socia horaro.

De tio — problemoj.

Jetlag — ne estas simple malkomforto. Tio estas fiziologia streso. Via korpo ne komprenas, kie ĝi troviĝas en la tempo. Hormonoj erariĝas. Imuneco falas. Kognitivaj funkcioj perturbiĝas.

Turnuslabora laboro — precipe noktaj serioj — estas ligita al pliigita risko de kardiovaskulaj malsanoj, diabeto, kancero. Kial? Ĉar ni rompas la naturan ritmon, kiu jam *tiel* ne kongruas kun la 24-hora tago.

Starigu la demandon: kial nia ritmo estas ne **24 horoj** ekzakte?

La evolucio estas nekredinde preciza. Se organismo vivas sur planedo dum milionoj da jaroj, liaj internaj horloĝoj adaptiĝas kun precizeco ĝis minutoj. Tio estas observata ĉe ĉiuj specioj.

Krom ni.

Unu el la klarigoj: ni evoluis en kavernoj, kie ne estis aliro al sunlumo, kaj perdis la precizan agordadon.

Malforta klarigo. Eĉ kavernaj bestoj — vesperto, ekzemple — konservas cirkadan ritmon kongruantan kun la ekstera mondo, ĉar ili eliras eksteren por manĝi.

Alia klarigo: tio ne estas eraro, sed adaptado al ŝanĝoj — pli longa interna ritmo donas flekseblecon.

Ankoraŭ pli malforta. Flekseblo estas bona, sed desinkronigo kun la medio *malpliigos* la supervivokapablon, ne pliigas ĝin.

La tria klarigo, kiun neniu ŝatas diskuti:

Kio se nia cirkada ritmo estas agordita al alia planedo? Planedo, kie tago daŭras ne 24 horojn, sed 25? Aŭ ie intere?

Por referenca informo: sur Marso tago daŭras **24 horojn kaj 39 minutojn**.

Tio ne signifas, ke ni estas de Marso — Marso estas tro malgranda, tro malvarma, en la pasinteco povus havi vivon, sed ne evoluitan civilizacion. Sed tio ilustras la ideon: planedoj rotacias kun malsama rapideco.

Se la homaro venis de planedo, kie tago estis pli longa, tiam nia interna ritmo ne estas eraro. Tio estas *memoro.*

Biologia memoro pri mondo, kiun ni forgesis — sed nia korpo ne.

ANKORAŬ UNU STRANGAĴO: la homo ne povas sintezi **vitaminon C**.

La plimulto de mamuloj produktas askorbatan acidon en la hepato. Tio estas gravega antioksidanto, necesa por la sintezado de *kolageno*, por la resanado de vundoj, por la imuna funkcio.

Sed homoj, primatoj, kobajoj kaj kelkaj specioj de vesperto perdis ĉi tiun kapablon. Ni havas genon, respondecukan por la lasta paŝo de la sintezado, sed ĝi estas mutaciita kaj ne funkcias.

La oficiala klarigo: niaj prapatroj-primatoj manĝis fruktojn, riĉajn je vitamino C. La kapablo sintezi ĝin fariĝis nenecesa kaj atrofiĝis. La evolucio forĵetas senutilajn funkciojn.

Logike. Sed ekzistas problemo.

La perdo de la kapablo sintezi vitaminon C estas *enorma* risko. Se pro iu ajn kialo la aliro al freŝaj fruktoj kaj legomoj ĉesas, komenciĝas *skorbuto*. La gumoj sangadas. La dentoj elfaliĝas. Vundoj ne sanadas. Post kelkaj monatoj — morto.

Eŭropaj maristoj de la epoko de la Grandaj Geografiaj Malkovroj mortis pro skorbuto per miloj. Ĉar en la maro ne estis freŝaj produktoj. Ĝis la **XVIII-a jarcento** neniu komprenis la kialon.

Kial la evolucio permesis tian vundeblecon?

La norma respondo: en la natura medio de primatoj fruktoj estas ĉiam alireblaj. La risko estas minimuma.

Bone. Sed tiam kial la homo, forlasinta la ĝangalon kaj disvastiĝinta tra la tuta planedo, inkluzive de regionoj, kie fruktoj estas alireblaj nur laŭsezone, ne restaŭris ĉi tiun kapablon?

La evolucio laboras rapide, kiam ekzistas forta selektema premo. En Arkto, kie freŝaj plantoj mankas la plimulton de la jaro, homoj devus aŭ estingiĝi, aŭ re-evoluigi la kapablon sintezi vitaminon C.

Sed tio ne okazis. La *inuitoj* postvivas, manĝante krudajn viandojn kaj organojn de bestoj, kiuj enhavas sufiĉe da vitamino C. Tio funkcias — sed tio estas nekredible fragila adaptado.

Kvazaŭ nia korpo atendas determinitajn kondiĉojn — alireblecon de determinita manĝaĵo — kaj ne povas reorganizi sin, kiam la kondiĉoj ŝanĝiĝas.

DIABETO. KARDIOVASKULAJ malsanoj. Obeseco. Artrito. Alergioj. *Aŭtoimunaj malsanoj.*

Ĉi tiuj malsanoj estas nomataj *«malsanoj de la civilizo»*, ĉar ili estas maloftaj aŭ forestas ĉe homoj, vivantaj laŭ tradicia vivmaniero, kaj estas disvastigitaj en industriaj socioj.

La norma klarigo: nia organismo evoluis por aktiva vivmaniero de ĉasisto-kolektisto. Ni manĝis naturan manĝaĵon, multe moviĝis, vivis en malgrandaj grupoj. La moderna vivo — sidema laboro, procezita manĝaĵo, streso, poluado — kontraŭdiras nian biologion.

Ĝuste. Sed tio estas nur parto de la bildo.

Kial nia korpo tiel malbone adaptiĝas al ŝanĝoj?

Ratoj perfekte adaptiĝis al urba medio. Blataĉoj. Kolomboj. Dekoj da specioj prosperas apud homo, manĝante liajn restaĵojn, loĝante en liaj konstruaĵoj.

Sed la homo mem suferas en la medio, kiun li mem kreis.

Ni inventis la agrikulturon **10 000 jarojn** antaŭe. Tio estas **400–500 generacioj**. Sufiĉe por evoluaj ŝanĝoj — ĉe ni aperis eĉ la kapablo digesti laktozón en adulta aĝo ĉe kelkaj populacioj.

Sed kial do grenmanĝado kaŭzas intestan inflamacion ĉe milionoj da homoj? Kial *gluteno* — la ĉefa proteino de tritiko — estas perceptata de la imuna sistemo kiel minaco ĉe signifa parto de la loĝantaro?

Celiakio. Glutena netolerado. Sindro de la kolerema intesto. Milionoj da homoj ne povas normale digesti la bazajn manĝaĵojn, kiujn la homaro kultivis dum jarmiloJ.

Tio ne estas adaptado. Tio estas *forpuŝo.*

Aŭ prenu alergiojn.

Fojta febro. Alergio al poleno, al besta pelt, al determinitaj produktoj. La imuna sistemo atakas senmalutilajn substancojn, kvazaŭ ili estus mortigaj patogenoj.

Kial?

Unu el la teorioj — la *«higiena hipotezo»*: ni vivas tro pure, la imuna sistemo ne ricevas sufiĉan trejnadon kaj komencas reagi al ĉio ajn.

Eble. Sed tio ne klarigas, kial alergioj estas tiom specifaj. Kial unu homo reagas al betula poleno, alia al arakido, tria al tritiko.

Tio aspektas kvazaŭ nia imuna sistemo estas agordita al alia medio. Alia aro da patogenoj, alia mikrofloro, aliaj plantoj.

Kaj nun, en fremda mondo, ĝi ne scias, kiel sin konduti.

NI REVENU AL LA ĈEFA punkto: *gravito.*

La Tero havas gravitacian akceleracion de **9,8 m/s²**. Tio estas konstanto, al kiu adaptiĝis ĉiuj teraj vivantoj.

Aŭ preskaŭ ĉiuj.

La homa korpo montras strangajn signojn, kvazaŭ projektita por pli malforta gravito.

Astronaŭtoj, pasigantaj tempon en sengraviteco aŭ sur la Luno (kie la gravito estas seste pli malforta ol sur la Tero), raportas interesan fenomenon: ili sentas sin pli bone. Dorsodoloro malaperas. Movoj fariĝas pli facilaj. Eĉ la esprimoj de la vizaĝo ŝanĝiĝas — en sengraviteco la vizaĝo relaksiĝas, la muskoloj ripoziĝas.

Kompreneble, longa restado en sengraviteco kaŭzas atrofion de muskoloj kaj ostoj. La korpo adaptiĝas al la foresto de ŝarĝo, perdante mason.

Sed la komenca efekto estas *reliefo*. Kvazaŭ la korpo elspiras: «*Fine ne estas necese batali*».

Kio se la optimuma gravito por la homa korpo estas ne **9,8**, sed io malpli granda? **0,8** de la tera? **0,6**?

Sur planedo kun gravito de **0,8g** la spino spertus je **20%** malpli ŝarĝon. La diskoj ne kuniĝus tiom forte. La artoj zuziĝus pli malrapide. Akuŝo estus pli facila — la kapo de la suĉinfano kaj la pelvo de la patrino ne estus en tia konflikto.

Tio klarigus multe.

Por referenca informo: la gravito de planedo dependas de ĝia maso kaj grandeco.

Marso — **0,38g**. Tro malmulte. La Tero — **1g**. Planedo, iomete pli malgranda ol la Tero aŭ malpli densa, povus havi **0,7–0,9g**.

Tiaj planedoj ekzistas. Ni malkovras ilin ĉiun jaron per kosmaj teleskopoj. Superterenoj, mini-Neptunoidoj, ŝtonecaj mondoj en la loĝebla zono de siaj steloj.

Kelkaj el ili povus tre bone havi graviton, perfekte taŭgan por la homa korpo.

Korpo, kiu nun suferas sub la pezo de mondo, kiu ne kreis ĝin.

NI RESUMU. LA LISTO de miskongruoj:

1. Haŭto sen pelt, facile ekbrulanta sub la suno de la planedo de deveno.
2. Spino, disfalanta sub sia propra pezo.

3. Platpiedo ĉe triono de la loĝantaro.
4. Akuŝo, postulanta medicinan helpon por supervivo.
5. Cirkada ritmo, desinkronigita kun la 24-hora tago.
6. Nekapablo sintezi kritikajn vitaminojn.
7. Amasa netolerado de bazaj manĝaĵoj.
8. Kronaj doloroj simple pro vertikala ekzistado.

Ĉiu punkto havas sciencan klarigon. Evoluaj kompromisoj, freŝaj ŝanĝoj, hazardaĵoj de genetika drivo.

Sed ĉiuj kune ili kreas bildon de specio, kiu vivas *ne en sia medio*.

Imagu, ke vi trovis ŝipon ĵetitan al la bordo post ŝtormo. La ŝipo estas damaĝita. La veloj estas ŝiritaj. La direktilo ne funkcias. Akvo estas en la sentaŭgejo.

Oni povas klarigi ĉiun rompaĵon aparte. La ŝipo fendis pro bato kontraŭ rifo. La velojn ŝiris la vento. La direktilon rompis la streĉo. La akvo trafluis tra la fendoj.

Sed en la tutaĵo unu afero estas klara: ĉi tiu ŝipo travivis katastrofon. Kaj ĝi ne estis kreita por la maro, en kiu ĝi troviĝis.

La homa korpo estas kiel ŝipo post la ŝiprompado. Ĝi funkcias. Ni postvivas, eĉ prosperas dank' al racio kaj teknologio.

Sed sur biologia nivelo ni batalas kontraŭ la planedo ĉiun tagon. Kontraŭ gravito, kiu nin premas. Kontraŭ suno, kiu nin bruligas. Kontraŭ la ciklo de tago kaj nokto, kiu ne kongruas kun niaj horloĝoj.

Tio povas esti hazardo. Serio de malfeliĉaj evoluaj kompromisoj.

Aŭ tio povas esti *memoro*. Memoro de la korpo pri mondo, kiu estis pli milda. Pli facila. Pli sekura.

Pri hejmo, kiun ni perdis kaj jam ne memoras.

Sed la korpo memoras. En ĉiu doloro. En ĉiu brulo. En ĉiu sendorma nokto.

Ĝi flustras: «*Ni ne estas de ĉi tie*».

Kaj eble estas tempo komenci aŭskulti.

Ĉapitro 4:
La mito pri la deveno de simioj

Oni diras al ni, ke ni devenus de simioj. Pli precize — ke ni havis komunan prapatron kun nuntempaj primatoj ĉirkaŭ **6–7 milionoj da jaroj** antaŭe.

Tio estas la baza dogmo de la moderna biologio. Ĝi estas instruata en lernejoj. Montrata en muzeoj — la fama bildo de la evolucio, kie kurbostara simio iom post iom redrestiĝas kaj transformiĝas en homon.

Tio soniĝas konvinke. Precipe kiam oni aldonas: *«Ni estas genetike je 98–99% identaj al ĉimpanzo»*.

Sed ni fosi pli profunde. Ĉar la diablo, kiel ĉiam, estas en la detaloj.

GENETIKA SIMILECO — trompanta cifero

Jes, nia DNA kongruas kun la ĉimpanza je ĉirkaŭ **98,8%**. Tio estas fakto.

Sed kion ĝi fakte signifas?

Por komenci: ni ankaŭ estas je **60%** genetike identaj al bananoj. Je **50%** — al fermentoj. Je **85%** — al musoj.

Kial? Ĉar ĉiuj vivantoj sur la Tero uzas la samajn bazajn biologiajn meĥanismojn. DNA, RNA, proteinoj, metabolaj vojoj — ĉio tio estas universala. Kompreneble estos simileco.

Sed ni rigardu tiujn **1,2%** de diferencoj inter homo kaj ĉimpanzo.

Tio estas ĉirkaŭ **35 milionoj da paroj de DNA-bazoj**. Tridek kvin milionoj da literoj de la genetika kodo, kiuj malsamas.

Inter ĉi tiuj diferencoj:

- **Geno FOXP2** — kritika por parolo kaj lingvo. Ĉe homo ĝi havas unikajn mutaciojn, kiuj ne ekzistas ĉe iu ajn alia primato. Ĉimpanzoj fizike ne kapablas paroli — ne nur pro la anatomio de la laringo, sed ankaŭ pro tio, ke ilia cerbo ne kapablas al la necesa koordinado.
- **Genoj ligitaj al la cerbogrando — HAR1, HAR2** (*Homaj Akcelitaj Regionoj*). Ĉi tiuj DNA-sekcioj estas preskaŭ identaj ĉe ĉiuj mamuloj... krom la homo. Ĉe ni ili ŝanĝiĝis kun nekredebla rapido. Tiom rapide, ke tio ne kongruas kun la norma modelo de laŭgrada evolucio.
- **ARHGAP11B** — geno, kiu aperis nur ĉe homo kaj respondecas por la evoluo de la *neokortekso* — la cerba regiono ligita al la pli altaj kognitivaj funkcioj. Ĉi tiu geno simple ne ekzistas ĉe aliaj primatoj.

La demando: se la evolucio estas laŭgrada procezo de akumulado de hazardaj mutacioj — kial ĉi tiuj kritikaj ŝanĝoj okazis tiom rapide kaj tiom *celdirekte*?

KROMOSOMA ANOMALIO

Jen kion oni ne rakontos al vi en la lerneja biologiitolibro.

Ĉe ĉimpanzo ekzistas **24 paroj** de kromosomoj. Ĉe gorilo — **24**. Ĉe orangutano — **24**. Ĉe ĉiuj aliaj humanoidaj simioj — **24**.

Ĉe homo — **23 paroj**.

La oficiala klarigo: du kromosomoj de la prapatro kunfandiĝis en unu. La **kromosomo 2** ĉe homo estas la rezulto de la kunfandiĝo de du simiaj kromosomoj.

La pruvo? En la centro de nia dua kromosomo troviĝas restaĵoj de *telomeroj* kaj *centromeroj* — signoj de tio, ke iam ĝi estis du apartaj kromosomoj.

Tio soniĝas logike. Sed jen la problemo.

Kunfandiĝo de kromosomoj ne estas senmalutila reorganizo. Tio estas *katastrofa okazaĵo*. La superforta plimulto de tiaj kunfandiĝoj kondukas al nevivokapablo aŭ gravaj genetikaj difektoj.

Por ke la kunfandiĝo firmiĝu en la populacio, necesas:

1. Ke la mutacio okazu ĉe iu individuo
2. Ke tiu individuo postvisu kaj estus fekunda
3. Ke ĝi trovus partneron (kiu verŝajne havas normalajn **24 parojn**)
4. Ke ilia idaro kun nekongruanta nombro de kromosomoj ankaŭ estus fekunda
5. Ke ĉi tiu mutacio disvastiĝu tra la tuta populacio, elpuŝante la normalan variantecon

La probablo de tio? Astronomie malalta.

Kaj nun aldonu al tio jenan fakton: la kunfandiĝo okazis ne simple hazarde, sed tiamaniere, ke ĝi ne rompis kritike gravajn genojn. Pli ol tio — ĝi ial donis evoluian avantaĝon.

Koincido? Aŭ io alia?

Anatomiaj paradoksoj

Se ni devenus de simioj — kial niaj korpoj tiom forte malsamas en ĉefaj aspektoj?

Voĉaj kordoj kaj laringo

Ĉe homo la laringo situas pli malsupre ol ĉe ĉiuj aliaj primatoj. Tio donas al ni la kapablon al kompleksa parolo — sed kreas enorman problemon: ni estas la sola mamulo, kiu povas sufokvundi pro manĝaĵo.

Ĉe ĉimpanzo, gorilo, ĉe ĉiuj simioj la laringo situas alte. Ili povas manĝi kaj spiri samtempe. Homaj suĉinfanoj en la unuaj monatoj de la vivo ankaŭ povas tion fari — ilia laringo ankoraŭ ne malsupreniris. Sed poste ĝi malsupreniĝas, kaj ni perdas ĉi tiun kapablon.

Ĉiujare miloj da homoj mortas pro sufoko. Ĉu la evolucio kreis konstruon, kiu mortigas nin, por ke ni povu paroli?

Eble. Sed kial tiam ne estas trovitaj transirejtaj formoj? Ne ekzistas fosiliiaj primatoj kun meza pozicio de la laringo.

La sublingva osto

Tio estas malgranda osto en la gorĝo, al kiu kroĉiĝas la muskoloj de la lango kaj laringo. Ĉe homo ĝi havas unikan formon, kiu ebligas al ni produkti kompleksajn sonojn.

Ĉe ĉiuj aliaj primatoj ĝi estas tute alia. Neniaj transirejtaj formoj. Ĝi estas aŭ simia, aŭ homa.

La mano kaj pojno

La homa mano estas miraklo de inĝenierio. Kontraŭstarigebla polekso, kapablo al preciza preno, ebleco uzi ilojn kun nekredebla precizeco.

Simioj ankaŭ havas kontraŭstarieblajn poleksojn. Sed la anatomio estas tute alia. La proporcio de la longoj de la fingroj, la strukturo de la pojno, la kroĉiĝo de la muskoloj — ĉio tio estas radikale malsama.

Pli ol tio: ĉe homo ekzistas unikaj muskoloj en la mano, kiuj ne ekzistas ĉe aliaj primatoj. Kaj forestas muskoloj, kiuj ekzistas ĉe simioj.

Se ni evoluis de komuna prapatro — kial la anatomio de la mano ŝanĝiĝis tiom radikale? Kaj kial ni ne trovas transirejtajn formojn?

Cerbo — tro multo, tro rapide

La homa cerbo — **1300–1400 cm^3**. La cerbo de ĉimpanzo — **400 cm^3**. La cerbo de la komuna prapatro — laŭsupoze ĉirkaŭ **350–400 cm^3**.

Dum **6 milionoj da jaroj** nia cerbo *triobliĝis* laŭgrando.

Tio estas nekredible rapide laŭ evoluaj mezuroj. Precipe konsiderante la energiajn elspezojn: la cerbo konsumigas **20%** de ĉiuj energiaj rimedoj de la korpo, kvankam ĝi konsistigas nur **2%** de la korpoamaso.

El vidpunkto de supervivo, granda cerbo estas *malavantaĝo*:

- Postulas enorman kvanton da kalorioj
- Faras akuŝon danĝera
- Malrapida evoluo — la infanaĝo de homo daŭras jarojn, male al simioj
- Vundebleco en la suĉinfaneco

Kia evoluia premo povus tiom rapide triobligi la cerbograndan — malgraŭ ĉiuj ĉi tiuj minusoj?

La norma respondo: uzo de iloj kaj socia komplekseco.

Sed jen la problemo: ĉimpanzoj uzas ilojn. Delfenoj havas kompleksajn sociajn strukturojn. Elefantoj montras altan intelekton. Ĉe neniu el ili la cerbo triobliĝis dum kelkaj milionoj da jaroj.

Pli ol tio: freŝaj studoj montris, ke la cerbokresko de homo okazis ne laŭgrade, sed *per saltoj*. Estis periodoj de rapida kresko, apartigitaj de periodoj de stabileco.

Tio ne similas al natura selektado. Tio similas al io alia.

LA «MANKAS LIGILO» ankoraŭ mankas

Se ni evoluis de simioj, devas ekzisti transirejtaj formoj. Estaĵoj, kiuj jam ne estas simioj, sed ankoraŭ ne estas homoj.

Oni montras al ni la kranion de *Australopithecus. Homo habilis. Homo erectus.* «Jen vidu — transirejtaj formoj!»

Sed rigardu pli atente.

Australopithecus — cerbovolumeno **400–500 cm^3**. Anatomio — preskaŭ tute simia. Longaj brakoj, mallongaj kruroj, kurbaj fingroj por grimpado sur arbojn. Jes, eble ili foje marŝis rekte. Sed tio ne faras ilin transirejta formo al homo. Multaj simioj povas iri sur du piedojn por mallongaj distancoj.

Homo habilis — «kapabla homo». Cerbovolumeno **600–700 cm^3**. Nomita tiel, ĉar apud la restaĵoj estis trovataj primitivaj ŝtonaj iloj. Sed freŝaj studoj montris, ke la anatomio de la manoj de *Homo habilis* ne ebligis la precizan prenon necesan por fabrikado de ĉi tiuj iloj. Eble la ilojn faris iu alia.

Homo erectus — tio jam estas pli interesa. Cerbovolumeno **900–1100 cm³**. Anatomio preskaŭ homa. Ili uzis fajron, konstruis ŝirmejojn, fabrikis kompleksajn ilojn.

Sed jen la strangaĵo: *Homo erectus* ekzistis preskaŭ **2 milionoj da jaroj** praktike sen ŝanĝoj. Du milionoj da jaroj — la samaj iloj, la sama kulturo, la sama anatomio.

Kaj poste, ĉirkaŭ **200 000 jaroj** antaŭe, subite aperas ***Homo sapiens***. Kun cerbo de **1400 cm³**. Kun plene moderna anatomio. Kun kapablo al abstrakta pensado, arto, lingvo, simbolismo.

Kie estas la transiro? Kie estas la laŭgrada evoluo de *erectus* al *sapiens*?

Ĝi ne ekzistas. Estas enorma interspaco. Kaj poste — bum — plene formita homo.

La genetika botolgorgeto

Jen ankoraŭ unu malkomforta fakto.

Genetika analizo montras, ke ĉiuj modernaj homoj devenis de tre malgranda populacio — eble nur *kelkaj miloj* da individuoj — ĉirkaŭ **70 000 jaroj** antaŭe.

Tio nomiĝas *«genetika botolgorgeto»*. Nia genetika diverseco estas nekredible malalta por specio, kiu laŭdire evoluis laŭgrade dum milionoj da jaroj.

Por komparo: ĉe ĉimpanzoj la genetika diverseco estas **3–4 fojojn** pli alta ol ĉe homo. Kvankam la populacio de ĉimpanzoj ĉiam estis pli malgranda.

Kion tio signifas?

Aŭ la homaro travivis katastrofon, kiu preskaŭ detruis nin, lasante nur malgrandan grupon de postvivintoj.

Aŭ ni devenis de malgranda izolita grupo — eble grupo, kiu *alvenis de ie alie.*

La norma klarigo: erupcio de la supervulkano **Toba** antaŭ **74 000 jaroj**. Vulkana vintro preskaŭ detruis la homaron.

Eble. Sed kial tiam aliaj specioj en la sama regiono ne montras similan botolgorgetoefekton?

Akcelita evolucio — tro akcelita

La lasta najlo en la ĉerkon de la teorio pri la deveno de simioj.

Studo de **2016**, publikigita en *Nature*, montris, ke iuj sekcioj de la homa genomo evoluis je **70 fojoj** pli rapide, ol oni povas klarigi per la norma modelo de natura selektado.

Sepdek fojojn pli rapide.

Ĉi tiuj sekcioj nomiĝas **HAR** — *Homaj Akcelitaj Regionoj*. Ili estas preskaŭ identaj ĉe ĉiuj mamuloj, inkluzive primatojn. Sed ĉe homo ili estas radikale ŝanĝitaj.

La ŝanĝoj okazis tiom rapide, ke kelkaj genetikistoj malkaŝe diras: *tio ne similas al natura procezo*.

Unu el la eblaj klarigoj — **horizontala transigo de genoj**. Kiam DNA transigas ne de gepatro al ido, sed de unu specio al alia. Tio estas kutima ĉe bakterioj — sed ekstreme malofta ĉe kompleksaj organismoj.

Alia varianto — **direkta mutacio**. Sed tio kontraŭdiras la bazan principon de la evoluia teorio: mutacioj estas *hazardaj*.

La tria varianto... neniu volas diskuti ĝin laŭte. Sed se la mutacioj ne estas hazardaj, se ili estas *celdirektaj*, se ili okazis tiom rapide por natura procezo...

Kio tio estis?

Konkludo — ni ne devenas de simioj

Ni alkunmetu ĉion:

1. Kritikaj genoj, kiuj faras nin homoj, ŝanĝiĝis *tro*

rapide

2. Kunfandiĝo de kromosomoj — statistike nekredebla okazaĵo
3. Anatomikaj diferencoj estas radikalaj, sen glataj transiroj
4. La cerbo triobliĝis dum neebla mallonga tempo
5. La «mankanta ligilo» ankoraŭ mankas
6. La genetika diverseco montras, ke ni devenis de malgranda izolita grupo
7. Kelkaj genoj evoluis je **70 fojoj** pli rapide ol la normo

Ĉiun el ĉi tiuj punktoj oni povas klarigi aparte. Koincido. Bonŝanco. Unikaj cirkonstancoj.

Sed ĉiuj kune?

Tio ne aspektas kiel laŭgrada evolucio de komuna prapatro kun ĉimpanzo.

Tio aspektas kiel interveno. Subita. Vasta. Celdirekte.

Eble — genetika inĝenierio de evoluinta civilizacio, kiu modifis primatojn por krei racian specion?

Eble — hibridigo kun io *ne de ĉi tie*?

Eble — ni estas la rezulto ne de natura evolucio, sed de *projekto*. Eksperimento. Neceseco.

Aŭ, revenante al nia ĉefa hipotezo:

Eble ni tute ne evoluis sur la Tero.

Eble ni alvenis ĉi tien jam formitaj. Niaj korpoj portas la genetikan heredaĵon de alia mondo. Eble tie ni vere evoluis de lokaj primatoj — sed ne teraj.

Kiam ni flugalveturis al la Tero kaj trovis ĉi tie similajn estaĵojn — ĉimpanzojn, gorilojn — ni vidis malproksiman similecón. Ni pensis: «*Eble ni estas parencoj?*»

Sed la simileco estas trompanta. Ni similas al teraj simioj sammaniere, kiel birdo similas al vesperto — ambaŭ flugas, ambaŭ havas flugilojn, sed tio estas *konvergenta evolucio*, ne komuna deveno.

Genetika simileco? Ĉiuj vivantoj en la Universo povas uzi DNA kiel informan portiston — tio estas efika sistemo. Ni estas je **98%** similaj al ĉimpanzo ne ĉar ni devenas de ili, sed ĉar la vivo ĉie uzas similajn bazajn meĥanismojn.

Sed tiuj kritikaj **1,2%** — tiuj precizaj genoj, kiuj faras nin homoj — tio estas *memoro pri alia mondo*. Pri alia evoluia linio. Pri deveno, kiun ni forgesis.

NI NE DEVENAS DE SIMIOJ.

Ni estas io alia.

Kaj niaj korpoj memoras pri tio — eĉ se nia racio forgesis.

Ĉapitro 5:

La forgesita civilizacio — apogeo kaj falo

Ekzistas periodo en la homa historio, kiu ne kongruas kun la orda bildo de laŭgrada progreso.

Ni kutimas pensi jene: la ŝtona epoko daŭris centmilojn da jaroj. Poste, ĉirkaŭ **10 000 jaroj** antaŭe, okazis la **Neolita Revolucio** — la invento de agrikulturo. Homoj ekloĝiĝis, konstruis vilaĝojn, poste urbojn. Skribo aperis ĉirkaŭ **5 000 jaroj** antaŭe. La civilizacio komencis kreski. Malrapide, laŭgrade, laŭlinie.

Sed la faktoj rakontas alian historion.

Historion pri tio, ke iam, tre longe antaŭe, sur la Tero ekzistis civilizacio tiom evoluinta, ke ĝiaj atingoj ankoraŭ nun ŝajnas neeblaĵ.

Civilizacio, kiu konstruis konstruaĵojn, kiujn ni ne povas reprodukti eĉ per nuntempaj teknologioj.

Civilizacio, kiu subite malaperis. *Kvazaŭ iu estingis la lumon.*

Kaj post ĝi restis nur ruinoj, legendoj kaj demandoj, al kiuj la oficiala historio ne povas respondi.

NI KOMENCU PER LA PLEJ evidenta: **la Grandaj Piramidoj de Gizo.**

La oficiala versio diras: konstruitaj ĉirkaŭ **2560 a.K.** de faraono **Ĥufu** (Ĥeopso) kiel tomboj. Konstruis armeoj da sklavoj, uzante kuprajn ilojn, lignajn sledojn kaj homan forton.

Tio soniĝas simple. Ekzistas nur unu problemo.

Tio estas neebla.

La skalo, kiu ne eniras en la kapon

La **Granda Piramido** konsistas el **2,3 milionoj** da ŝtonblokoj.

Mezuma pezo de bloko — **2,5 tunoj**. Kelkaj blokoj pezas ĝis **80 tunoj**.

Tuta pezo de la piramido — ĉirkaŭ **6 milionoj da tunoj**.

Alto — **146,5 metroj** (estis pli alta, ĝis la fasdrevesto defalas). Tio estas **48-etaĝa konstruaĵo**.

Oficiale la konstruado daŭris **20 jarojn**.

Ni kalkulu.

2,3 milionoj da blokoj dum **20 jaroj = 115 000** blokoj en jaro.

115 000 blokoj en jaro = **315** blokoj tage.

Se oni laboras **10 horojn** tage = **31,5** blokoj en horo.

Tio signifas: ĉiujn du minutojn oni devis eltranĉi en ŝtonminejo, transporti je distanco de kelkaj kilometroj, kaj perfekte eninstali blokón pesantan **2,5 tunojn**.

Ĉiujn. Du. Minutojn. Sen paŭzo. **10 horojn** tage. **365 tagojn** en jaro. **20 jarojn** sinsekve.

Kaj tio estas nur la komenco de la problemoj.

Precizeco sen klarigo

La piramido estas orientita laŭ la mondpunktoj kun precizeco de **0,05 gradoj**. Tio estas pli precize ol la plimulto de nuntempaj konstruaĵoj.

Kiel la antikvaj egipcianoj, sen kompasoj kaj GPS, atingis tian precizecon?

La bazo de la piramido estas kvadrato kun flanko de **230 metroj**. La devio de la perfekta kvadrato — malpli ol **2 centimetroj**. Tio estas eraro de **0,009%**.

Por komparo: nuntempaj konstruistoj kun lazeraj niveliloj atingas precizecon de ĉirkaŭ **0,1%**.

La ŝtonblokoj estas kongruigitaj unu kun la alia tiom dense, ke inter ili ne povas eniri eĉ klingo de tranĉilo. Nenia mortero. Nur perfekte pritraktita ŝtono al ŝtono.

Kiel?

La oficiala versio: kupraj ĉiziloj kaj lignaj kojnoj.

Sed granito estas unu el la plej malmolaj ŝtonoj. Laŭ la skalo de **Mohs** ĝia malmoleco estas 7. Kupro — **3,5**.

Provi tranĉi graniton per kupra ilo — tio estas kiel provi tranĉi ŝtalon per aluminia tranĉilo. La ilo eluziĝos antaŭ ol la ŝtono.

Eksperimentoj montris: por eltranĉi unu blokón da granito per kupraj iloj, bezonas ĉirkaŭ **400 horoj** da laboro. Kaj dekoj da iloj, kiujn oni devas konstante reakri.

Ĉe tia ritmo, la konstruado de unu piramido daŭrus ne **20 jarojn**, sed kelkajn jarcentojn.

Pezo, kiun oni ne povas levi

Kelkaj blokoj en la piramido pezas **80 tunojn**. Tio estas la pezo de nuntempaj tanko.

Ĉi tiuj blokoj situas sur alto de pli ol **40 metroj**.

Kiel oni ilin tien levis?

La oficiala versio: rampoj. Klinaj vojoj el tero kaj ŝtono, laŭ kiuj laboristoj tiris blokojn sur sledoj.

La problemo: por levi blokón al **40 metroj**, bezonas rampo longa minimume **400 metrojn** (deklivo de 10%). Tia rampo per si mem entenus pli da materialo ol la tuta piramido.

Kie estas la arkeologiaj spuroj de ĉi tiuj gigantaj rampoj? Ili ne ekzistas.

Alternativo: internaj rampoj, spiralaj, enkonstruitaj en la piramido mem.

Sed tiam kiel konstruistoj manovris **80-tunajn** blokojn en mallarĝaj koridoroj ĉe kurbiĝoj?

Neniu scias.

La Ĉambro de la Reĝo — teknologio, kiu ne devus ekzisti

Ene de la piramido estas ĉambro nomata **la Ĉambro de la Reĝo**.

La plafono de ĉi tiu ĉambro konsistas el naŭ granitaj blokoj, ĉiu pesanta ĉirkaŭ **50 tunojn**.

Super la plafono — kvin *malŝarĝaj ĉambroj*, ĉiu kun granitaj traboj de **70 tunoj**.

Ĉi tiu konstruo estas kreita por distribui la pezon de milionoj da tunoj da ŝtono supre, por ke la ĉambro ne kolapsus.

Tio estas la pleja nivelo de inĝenierio. Kompreno de la distribudo de ŝarĝoj, kiu aperis en Eŭropo nur en la **XIX-a jarcento**.

Sed oficiale la piramido estas konstruita en **2560 a.K.** — **4 000 jarojn** antaŭ tio, kiam la homaro inventis matematikon por tiaj kalkuloj.

De kie ĉe la antikvaj egipcianoj venis ĉi tiuj konoj?

Matematiko enkonstruita en ŝtonon

Jen kie ĉio fariĝas vere strange.

La proporcioj de la piramido ne estas hazardaj. Ili enhavas matematikajn konstantojn.

Nombro Pi (π = 3,14159...):

La rilatumo de la perimetro de la bazo al la duobla alto de la piramido = **3,14159**.

Tio signifas: se la alto de la piramido estas la radiuso de cirklo, tiam la perimetro de la bazo estas la cirkumferenco de tiu cirklo.

La problemo: la nombro Pi estis formale malkovrita de la grekoj nur en la **III-a jarcento a.K. — 2 000 jarojn** post la konstruado de la piramido.

Kiel konstruistoj sciis Pi kun precizeco ĝis la kvina decimala cifero?

Ora sekcio (ϕ = 1,618...):

La rilatumo de la alto de ĉiu flanko de la piramido al la duona bazo = **1,618**.

La ora sekcio — proporcio, kiu aperas en la naturo, estas konsiderata estetike perfekta, uzata en arto kaj arkitekturo.

Sed oficiale malkovrita de la antikvaj grekoj en la **V-a jarcento a.K.**

Denove — **2 000 jarojn** post la piramidoj.

Lumo-rapido:

Kaj jen ni eniras en la sferon de mistera koincido.

La koordinatoj de la Granda Piramido: **29,9792458°** de norda latitudo.

La rapideco de lumo en vakuo: **299 792 458** metroj en sekundo.

Koincido?

Eble. Sed tro preciza por hazardeco.

Konkludo: tio ne estas tombo

En la Granda Piramido neniam estis trovita mumio. Neniaj trezoroj. Neniaj hieroglifoj ene (male al ĉiuj aliaj egipciaj tomboj, kiuj estas kovritaj per tekstoj).

La **Ĉambro de la Reĝo** estas malplena. La sarkofago estas malplena. Neniaj signoj de entombigo.

Kio se la piramido neniam estis tombo?

Kio se ĝi estis io alia? Observatorio? Energiinstalaĵo? Navigacia lumturo? Depotejo de scioj?

Aŭ simple — *mesaĝo*.

Mesaĝo en ŝtono, kiu postvivos jarmilojn. Mesaĝo, kiu diras:

«Ni estis ĉi tie. Ni sciis. Ni kapablis. Ne forgesu nin».

La piramido — maŝino, kiun ni ne komprenas

Imagu ĉi tiun eksperimenton.

Vi prenas mezepoan kamparanon el la **XII-a jarcento** kaj montras al li modernan saĝtelefono.

Li vidas malgrandan plastan skatolon el vitro kaj metalo. Sur ĝi brilis ekrano kun moviĝantaj bildoj. Kiam vi tuŝas la vitron, la bildoj ŝanĝiĝas. Fojfoje la skatolo elsendas sonojn — muzikon, voĉojn de homoj.

Kion pensis la kamparano?

Sorĉo. Magio. Eble sakra relikvio. Li eĉ ne povus imagi la koncepton de elektro, mikroĉipoj, radiondoj, satelitoj, interreto.

Por li — tio estas neklarigebla artefakto. Li povas priskribi, kion li vidas: «glata surfaco», «brulantaj simboloj», «voĉoj el nenie». Sed kompreni la celon kaj la funkcian principon — *neebla.*

Kaj nun la demando.

Kio se ni troviĝas en la sama pozicio rilate al la piramidoj?

La problemo de interpreto

Ni rigardas al la Granda Piramido kaj vidas: amasiĝon de ŝtonoj, kunmetitaj en geometrian formon.

Ni mezuras dimensiojn, studas koridorojn, trovas ĉambrojn. Kaj konkludas surbaze de tio, kion ni komprenas: «Tio estas tombo. Aŭ templo. Aŭ astronomia observatorio».

Sed kio se ni pravas? Kio se la piramido estas restaĵo de teknologio tiom progresinta, ke ni eĉ ne povas rekoni ĝin kiel teknologion?

Kiel la kamparano, rigardanta saĝtelefono kaj pensanta, ke ĝi estas simple bela bagatelaĵo.

Strangaj detaloj, kiuj ne kongruas kun «tombo»

Ni rigardu elementojn de la Granda Piramido, kiuj estas strangaj por entombejo — sed havus sencon por funkcia aparato.

1. Internaj koridoroj — ne por homoj

La plimulto de la pasejoj ene de la piramido estas tre mallarĝaj kaj malaltaj. Alto — ĉirkaŭ **1,2 metroj**. Plenkreskulo devas rampi kurbigite.

Kial?

Se tio estas tombo de faraono, kiu devus esti portata kun honoroj — kial la pasejoj estas tiom malfacile traveblaj?

Sed se ĉi tiuj ne estas pasejoj por homoj, sed io simila al teknikaj kanaloj, ondokonduktiloj, aŭ strukturoj por direkti energion — tiam la dimensioj havas alian sencon.

2. La suprenira kaj malsuprena koridoroj — preciza orientiĝo

El la enirejo de la piramido branĉiĝas du koridoroj: unu suprenanta (sub angulo de **26,5°**), la alia malsuprena (sub la sama angulo).

La malsuprena koridoro estas direktita precize al la Polusa Stelo (en la konstruotempo — **Tuban** el la konstelacio Drako).

La suprenanta — al **Alnithak** (stelo el la Zono de Oriono).

Kial tombo bezonas tian stelaran orientiĝon?

Sed se la piramido estas anteno aŭ ricevilo, direktita al determinitaj punktoj en la kosmo — tiam la direkto havas signifon.

3. La Ĉambro de la Reĝo — resonancilo?

La **Ĉambro de la Reĝo** — ĉambro **10,5 × 5,2 × 5,8 metroj**, konstruita el ruĝa granito.

Muroj, planko, plafono — granito. Tre malmola ŝtono. Ĝi ne absorbas sonon, sed reflektas.

Akustikaj eksperimentoj montris: la **Ĉambro de la Reĝo** havas unikajn resonancajn propraĵojn. Determinitaj sonofrekvencoj estas multfoje plifortigitaj. La ĉambro *«kantas»*.

La ĉefa resonanca frekvenco — ĉirkaŭ **110–120 Hz**. Tio estas malalta frekvenco, kiun homo sentas ne tiom per la oreloj, kiom per la korpo — vibrado en la brusto.

Studoj montris: longa ekspozicio al sono je **110 Hz** kaŭzas ŝanĝojn en la cerba aktiveco — homoj eniras transan staton, aktiviĝas la dekstra hemisfero, respondeca por intuicio kaj kreiva pensado.

Rituala funkcio? Eble.

Aŭ ĉu tio estas kromefekto de konstruo destinita por io alia — por generi aŭ fokusigi akustikajn ondojn?

4. La sarkofago — ne ĉerko, sed ujo

En la **Ĉambro de la Reĝo** staras granda granita sarkofago. Oficiale — la ĉerko de la faraono.

Strangaĵoj:

- **Dimensioj:** La sarkofago ne trapasas tra la pordofenestro de la ĉambro. Tio signifas: ĝi estis instalita *antaŭ* ol la konstruado de la muroj estis finita. Ĝi estis planita de la komenco kiel neanstataŭigebla parto de la konstruo.
- **Materialo:** Tuta bloko da granito, elhollita el interne. La interna volumeno — ĉirkaŭ **1,2 kubaj metroj**. Murostango — ĉirkaŭ **15 cm**.
- **Pritraktado:** La internaj muretoj estas perfekte glataj, la anguloj — rektaj. Tio postulas ilojn pli malmolajn ol granito.
- **Akustiko:** La sarkofago ankaŭ resonancas. Frapi ĝin — ĝi elsendas puran malaltan tonon, kiu daŭras kelkajn sekundojn.
- **La kovrilo mankas:** Kiam la piramido estis unuafoje malfermita (**820 p.K.**, la ĥalífo **Al-Mamuno**◈), la sarkofago estis malplena kaj sen kovrilo. Neniaj signoj de entombigo.

Kio se la sarkofago ne estas ĉerko, sed resonanca ĉambro? Aŭ ujo por io? Eble por likvaĵo aŭ kristalo, kiu plifortigus la efekton?

5. La ventolaj ŝaktoj — ne por ventolado

El la **Ĉambro de la Reĝo** kaj la **Ĉambro de la Reĝino** branĉiĝas mallarĝaj ŝaktoj — ĉirkaŭ **20×20 cm** en sekco.

Oficiale ili estas nomataj «ventolaj», sed tiu nomo estas konvencia.

Strangaĵoj:

- La ŝaktoj el la **Ĉambro de la Reĝino** origine ne elireis eksteren — ili finiĝis *ene* de la piramida maso. Ili estis malkovritaj nur dum robota esplorado en la **1990-aj jaroj**. Kial ventolado, kiu nenien kondukas?
- La ŝaktoj havas precizan stelaran orientiĝon:
  - Norda ŝakto de la Ĉambro de la Reĝo → **Tuban** (α Drakono) — la Polusa Stelo de tiu tempo
  - Suda ŝakto de la Ĉambro de la Reĝo → **Alnithak** (ζ Orionis) — la malsupra stelo de la Zono de Oriono
  - Ŝaktoj de la Ĉambro de la Reĝino → **Sirio** kaj aliaj steloj
- En **1993** roboto, esploranta la sudan ŝakton de la **Ĉambro de la Reĝino**, malkovris je distanco de **60 metroj** pordeton kun kupraj manetoj. Malantaŭ ĝi — ankoraŭ unu spaco, ankoraŭ unu pordeto.

Kial? Kio estas tie?

Se ĉi tiuj estas ondokonduktiloj — kanaloj por direkti elektromagnetajn aŭ akustikajn ondojn — tiam la formo kaj orientiĝo estas kritikaj.

Teorio: la piramido kiel energigenerilo

Ekzistas hipotezo (neoficiale rekonata, sed intriganta): la **Granda Piramido** estis giganta maŝino por generi energion.

La ĉefaj elementoj de la teorio:

1. La subtera ĉambro — fonto de energio

Sub la piramido, je profundo de **30 metroj**, estas ĉambro elhakita en la ŝtona fundamento.

Ĝi estas malglata, nefinita, parte inundita per akvo.

Oficiale: konstruistoj ekfosis, sed ŝanĝis opinion kaj forlasis.

Alternativo: la ĉambro estas intencie malglata, ĉar ĝi ne estas ĉambro por homoj. Tio estas rezervujo.

Hipotezo: tra la subtera ĉambro fluis (aŭ povus flui) akvo el la Nilo. La akvo enhavas mineralojn, salojn, kiuj faras ĝin malforta *elektrolito*.

La granito de la piramido enhavas kvarckristalojn. Kvarco posedas *piezielektrikajn* propraĵojn — ĉe premado ĝi generas elektran ŝargon.

La pezo de la piramido (**6 milionoj da tunoj**) konstante premas la internajn granitajn blokojn. Se interne estas akvo (kondukanto), povas aperi malforta elektra kurento.

2. La Ĉambro de la Reĝino — kemia reaktoro

La **Ĉambro de la Reĝino** situas sub la **Ĉambro de la Reĝo**. Planko — kalkŝtono. La muroj enhavas spurojn de salo.

En **1993** la germana inĝeniero **Rudolf Gantenbrink**, esplorante la ŝaktojn, malkovris, ke la aero en la **Ĉambro de la Reĝino** havas plialtigitan humidon kaj enhavas spurojn de kemiaĵoj.

Hipotezo: en ĉi tiu ĉambro okazis kemia reago. Eble miksadis substancoj (ekzemple, maldikvigita hidroklorata acido kaj zinko), produktante hidrogenon.

Hidrogeno estas malpeza gaso. Ĝi povus supreniri laŭ la ŝaktoj, kreante premon.

3. La Ĉambro de la Reĝo — resonanca ĉambro kaj transformilo

Hidrogeno (aŭ alia gaso) eniras en la **Ĉambron de la Reĝo**. Akustika vibrado (eble el subteraj fontoj — movado de akvo, sismika aktiveco) kreas resonancon.

Resonanta gaso sub premo en granita ĉambro kun piezielektrikaj propraĵoj povas generi elektromagnetan kampon.

La sarkofago plifortigas la efekton, fokusante la energion.

4. La supra parto de la piramido — emitilo

Origine la piramido estis kovrita per blanka kalkŝtono, kaj la pinto — fasadrevestita per *elektrumo* (alojo de oro kaj arĝento).

Oro estas bonega kondukanto de elektro.

Se ene de la piramido estis generata elektromagneta kampo, la ora pinto povus funkcii kiel anteno, radiante energion en la atmosferon.

Por kio?

Eble — sendrata transigo de energio (ideo, kiun **Nikola Tesla** provis realigi komence de la **XX-a jarcento**).

Eble — komunikado — sendado de signaloj je grandaj distancoj.

Eble — io alia, kion ni ne komprenas.

Analogio kun teknologio, kiun ni perdis

Ni revenu al nia analogio pri la mezepora kamparano kaj saĝtelefono.

Imagu: civilizacio kolapsis. Pasis **500 jaroj**. Arkeologoj malkovras ruinojn de fabrika pri fabrikado de mikroĉipoj.

Kion ili vidos?

Strangaj konstruaĵoj kun puraj ĉambroj, komplikaj ventolaj sistemoj, kemiaĵ-rezervujoj. Metalaj platoj kun neklarigeblaj desegnaĵoj (presitaj cirkvitoj). Siliciaj platoj kun mikroskopaj strukturoj.

Sen kunteksto, sen kono de elektroniko, ili povus decidi: tio estas templo. Aŭ loko por ritualoj. «Puraj ĉambroj» — por ceremonioj de puriĝo. «Kemiaĵ-rezervujoj» — por oferoj.

Ili priskribus, kion ili vidas, per terminoj de tio, kion ili konas.

NI FARAS LA SAMON KUN la piramidoj.

Ni vidas ĉambrojn — ni pensas «tomboj».

Ni vidas ŝaktojn — ni pensas «ventolado».

Ni vidas stelaran orientiĝon — ni pensas «astronomia observatorio».

Sed kio se ĉio tio estas partoj de maŝino? Maŝino, kies celon ni ne povas kompreni, ĉar ni ne havas konceptan kadron?

Kiel la kamparano, kiu vidas Wi-Fi enkursigilon kaj pensas, ke ĝi estas simple skatolo kun blinkantaj lumetoj. Li ne scias pri radiondoj, retprotokolo, pakaĵa datumtransigo. Por li — tio estas enigma artefakto.

Pruvoj? Nerektaj, sed intrigantaj

1. Elektraj anomalioj

Kelkaj esploristoj raportis pri strangaj elektraj efektoj ene de piramidoj:

- Kompasoj kondutas malstabile
- Elektronikaj aparatoj foje difektiĝas
- Homoj sentas pikadas sur la haŭto
- Baterioj malŝarĝiĝas pli rapide ol kutime

Oficiala klarigo: magnetaj anomalioj pro granitaj rokoj, kiuj enhavas feron.

Alternativo: restaĵa elektromagneta kampo, se la piramido iam vere generis energion.

2. Spuroj de akvoerozio interne

Kelkaj sekcioj de internaj koridoroj kaj ĉambroj montras signojn de akvoerozio.

Oficiale la piramido neniam estis inundita.

De kie la akvo?

Se la hipotezo pri akva sistemo estas ĝusta — akvo cirkulis interne kiel parto de la funkciado.

3. Kemiaĵ-restaĵoj

En kelkaj ĉambroj estis trovitaj spuroj de saloj, ne karakterizaj por lokaj rokoj.

Tio povus esti restaĵoj de kemiaj reagoj.

4. La tutmonda reto de piramidoj

La **Granda Piramido** ne estas sola. Tra la tuta mondo ekzistas piramidoj, konstruitaj kun simila precizeco kaj orientiĝo.

Kio se ĉi tiuj ne estas apartaj konstruaĵoj, sed elementoj de tutmonda reto?

Imagu: sistemo de sendrata transigo de energio aŭ informo, kie ĉiu piramido estas nodo de la reto.

La piramido en **Gizo** — la centra nodo. La piramidoj en **Meksiko**, **Ĉinio**, **Peruo** — regionaj stacioj.

Kune ili formas planedran reton de komunikado aŭ energidistribuo.

Fantastaĵo? Jes. Sed ĝi klarigas, kial piramidoj estas tiom similaj, malgraŭ la distancoj kaj la foresto de (oficiale) kontakto inter la kulturoj.

La problemo de perditaj instrukcioj

Jen la plej malĝoja parto.

Eĉ se la piramido estas maŝino — ni ne povas ĝin startigi.

Ĉar ni ne havas instrukciojn. Ne havas uzogvidiston. Ne havas skemon.

Ni povas mezuri, skani, analizi. Sed sen kompreno de la funkcia principo, ni simple rigardas al mortinta meĥanismo.

Kiel la mezepora kamparano, tenanta malŝarĝitan saĝtelefono. Li povas premi la ekranon kiomfoje li volas — nenio okazos. La baterio estas malŝarĝita. La reto ne funkcias. La serviloj estas delonge malŝaltitaj.

La telefono aspektas kiel telefono. Sed sen elektro, sen infrastrukturo, sen programaro — tio estas simple peco de vitro kaj metalo.

Eble la piramido ankaŭ estas «malŝarĝita».

Eble iam ĝi funkciis. Generis energion. Sendis signalojn. Plenumis funkcion, kiun ni ne povas imagi.

Sed poste la civilizacio kolapsis. Tiuj, kiuj sciis, kiel ĝin uzi, mortis. La infrastrukturo disfalis. La kemiaj reagantoj malpleniĝis. La akva sistemo sekiĝis.

Kaj la piramido eksilentis.

Ĝi fariĝis monumento. Enigmo. Silenta atestanto de teknologio, kiun ni perdis.

Fina penso

Ni fieras pri nia moderna civilizacio. Elektro, interreto, kosmaj ŝipoj.

Sed kio se post **10 000 jaroj** niaj posteuloj elfosos ruinojn de niaj urboj kaj ne komprenos, kion ili vidas?

Ili trovos atomcentralon — ili decidos, ke tio estas templo (gardata loko, en kiun oni ne permesis ordinarajn homojn).

Ili trovos servilan farmon — ili decidos, ke tio estas depotejo de strangaj metalaj skatoloj.

Ili trovos optikajn fibrokablojn — ili decidos, ke tio estas sakraj ŝnuroj por ritualoj.

Ili priskribus, kion ili vidas, per terminoj de tio, kion ili konas. Kaj estos absolute certaj pri siaj konkludoj.

EBLE NI NUN FARAS LA samon.

Ni rigardas al piramidoj kaj vidas tombojn, ĉar ni ne povas vidi la maŝinon.

Ĉar la maŝino estas tiom progresinta, tiom malsama al nia teknologio, ke ni eĉ ne rekonas ĝin kiel teknologion.

La piramido silentas. Gardas siajn sekretojn.

Atendas, kiam ni denove fariĝos sufiĉe saĝaj por kompreni.

Aŭ sufiĉe humilaj por konfesi:

Ni ne scias. Ni povas nur diveni.

Kaj en ĉi tiu nescio — la plej granda enigmo de la historio.

Ili sciis, kion ili faris

Jen kion gravas kompreni.

La konstruistoj de piramidoj ne eksperimentis. Ili ne per provo kaj eraro provis eltrovi, kiel konstrui tian masivan strukturon.

Ili sciis.

Ĉiu bloko, ĉiu angulo, ĉiu ĉambro, ĉiu ŝakto — ĉio tio estis projektita kun determinita celo. Ne hazarde. Ne «proksimume». Sed *precize.*

Signoj de celdirektita dezajno

Kiam vi rigardas al moderna inĝeniera konstruaĵo — ponto, supregrataĵo, elektrocentrejo — vi vidas spurojn de planado.

Neniaj superflua elementoj. Ĉiu trabo, ĉiu subteno, ĉiu kablo sur sia loko. Ĉar la inĝenieroj kalkulis la ŝarĝojn, projektis la konstruon, sciis, kion ili faras.

La **Granda Piramido** montras la saman nivelon de precizeco.

1. Matematika precizeco de la bazo

La bazo de la piramido estas kvadrato kun flanko de **230,4 metroj**.

Devio de la perfekta kvadrato:

- Norda flanko: **230,25 m**
- Suda flanko: **230,45 m**
- Orienta flanko: **230,39 m**
- Okcidenta flanko: **230,36 m**

Maksimuma diferenco: **20 centimetroj** sur distanco de **230 metroj**.

Tio estas eraro de **0,087%**.

Por komparo: nuntempaj konstruistoj kun lazeraj niveliloj kaj GPS atingas precizecon de ĉirkaŭ **0,1%**.

La egipcianoj, laŭdire kun ŝnuroj kaj lignaj palikaj, faris *pli bone*.

Hazardeco? Ne. Tio estas rezulto de preciza kono de geometrio kaj mezuraj teknikoj.

2. Orientiĝo laŭ la mondpunktoj

La piramido estas orientita laŭ la kvar mondpunktoj kun eraro de **0,05 gradoj** (**3 angulaj minutoj**).

Tio signifas: la konstruistoj sciis, kiel determini la veran nordon kun nekredebla precizeco.

Kiel?

Kompason ili ne havis (ĝi estis inventita en Ĉinio nur en la **II-a jarcento a.K., 2 000 jarojn** poste).

GPS ne ekzistis.

Oficiala teorio: ili uzis astronomiajn observadojn — spuris la leviĝon kaj subiron de steloj, kalkulis la mezan punkton, trovis nordon.

Sed por tia precizeco bezonas:

- Precizaj instrumentoj por mezuri angulojn
- Matematikaj konoj por kalkuloj
- Komprenon de stelara movado kun konsidero de la *precesio de la tera akso*

Ili tion havis. Alie la rezulto estas neebla.

3. Interna strukturo — ĉiu detalo havas funkcion

Rigardu la internajn ĉambrojn kaj koridorojn.

La malsuprena koridoro iras sub angulo de **26,5°** — kondukas al la subtera ĉambro.

La suprenanta koridoro iras sub la sama angulo de **26,5°** — kondukas al la **Granda Galerio.**

La **Granda Galerio** — ĉambro alta **8,6 metroj**, longa **46,6 metroj**, kun deklivo de **26,5°**.

Kial ĝuste **26,5°**?

Tio ne estas hazarda angulo. Tio estas proksimume la duono de la dekliva angulo de la piramidaj flankoj (**52°**).

Matematika ligo. Geometria harmonio.

Super la **Ĉambro de la Reĝo** — kvin malŝarĝaj ĉambroj. Ĉiu kun granitaj traboj pesantaj **40–70 tunojn**.

Kial kvin? Kial ne tri, ne sep?

Ĉar la inĝenierara kalkuloj montris: kvin sufiĉas por distribui la pezon de **2,3 milionoj da tunoj** da ŝtono supre kaj malhelpi la kolapson de la ĉambro.

Tio ne estas diveno. Tio estas preciza kono de ŝarĝdistribuo.

4. Akustikaj propraĵoj — projektitaj, ne hazardaj

La **Ĉambro de la Reĝo** resonancas je **110–120 Hz**.

La **Granda Galerio** havas unikan akustikon — multobla eĥo, plifortigo de malaltaj frekvencoj.

Tio ne estas kromefekto. Granitaj muroj, plafono, planko — ĉio estas elektita por krei ĉi tiujn propraĵojn.

Kalkŝtono absorbas sonon. Granito reflektas.

La konstruistoj uzis graniton ĝuste tie, kie estis necesa resonanco. Kaj kalkŝtonon tie, kie estis necese silentigi sonon.

Ili sciis akustikon. Ili komprenis, kiel materialoj influas la disvastiĝon de sono.

5. La ventolaj ŝaktoj — preciza stelara orientiĝo

La kvar ŝaktoj el la **Ĉambro de la Reĝo** kaj la **Ĉambro de la Reĝino** estas direktitaj al konkretaj steloj tiamaniere, kiel ili aspektis ĉirkaŭ **2500 a.K.**:

- Norda ŝakto de la Ĉambro de la Reĝo → **Tuban** (α Drakono) — la Polusa Stelo de tiu tempo
- Suda ŝakto de la Ĉambro de la Reĝo → **Alnithak** (ζ Orionis) — la malsupra stelo de la Zono de Oriono
- Norda ŝakto de la Ĉambro de la Reĝino → **Malgranda Urso**
- Suda ŝakto de la Ĉambro de la Reĝino → **Sirio**

Tio ne estas proksimume. Tio estas precize.

Por konstrui ŝakton longan **60+ metrojn**, irante tra la piramida maso sub determinita angulo, kaj eliri precize al la bezonata punkto sur la surfaco, bezonas:

- Precizaj skemoj
- Kompreno de tridia geometrio
- Instrumentoj por kontroli la angulo laŭ la tuta longo

Unu grado de eraro en la komenco — kaj post **60 metroj** la ŝakto preterpasas je kelkaj metroj.

Sed ili ne preterpasis. La ŝaktoj eliris ĝuste tien, kie estis planite.

Ĉar ili sciis, kion ili faris.

La piramidoj devis esti ĝuste tiaj

Jen la ŝlosila punkto.

La **Granda Piramido** ne estis eksperimento. Tio ne estas unua provo konstrui ion similan.

La oficiala egiptiologio diras: antaŭ la **Granda Piramido** estis aliaj, pli primitivaj piramidoj — la ŝtuparo piramido de **Ĝosero**, la **Rompa Piramido**, la **Ruĝa Piramido**.

Laŭdire la egipcianoj lernis, pliboniĝis — kaj la **Granda Piramido** estas la apogeo de ilia arkitektura evolucio.

Sed ekzistas problemo kun ĉi tiu teorio.

La Granda Piramido estas la plej perfekta.

Pli postaj piramidoj (de la **4-a dinastio** kaj poste) estas *pli malbonaj*. Malpli precizaj. Konstruitaj el pli malgrandaj blokoj. Havas pli krutan internan strukturon.

Se tio estas evoluo de teknologio — ĝi iras *en inversa direkto*.

Anstataŭ pliboniĝi dum la tempo — *degradado*.

Kio se la Granda Piramido ne estas la apogeo de evoluo, sed kopio? Provo reprodukti ion pli antikvajn?

Ili konstruis laŭ plano

Imagu: vi havas skemojn de kompleksa meĥanismo. Vi ne komprenas plene, kiel ĝi funkcias, sed vi scias: ĝi devas esti konstruita *ĝuste tiel.*

Ĉiu detalo sur sia loko. Ĉiu dimensio observata. Ĉar se ion ŝanĝi — la meĥanismo ne funkcios.

Vi ne eksperimentas. Vi sekvas instrukciojn.

La konstruistoj de piramidoj eble troviĝis en la sama pozicio.

Ili havis sciojn — transdonitajn de prapatroj, konservatajn en temploj, skribitajn en tekstoj (kiuj ne atingis nin).

Ĉi tiuj scioj diris:

- *«La bazo devas esti kvadrato kun flanko de 440 ulnoj (230 metroj)»*
- *«Orientiĝo — precize laŭ la mondpunktoj»*
- *«La dekliva angulo de la flankoj — 51,84° (proporcio π)»*
- *«La Ĉambro de la Reĝo — ĉe alto de 43 metroj, dimensioj 20 × 10 × 11 ulnoj»*
- *«La ŝaktoj direktitaj al Tuban kaj Alnithak»*

Kial ĝuste ĉi tiuj parametroj?

Eble ili komprenis — por generi energion, por resonanco, por funkcio, kiun ni ne konas.

Aŭ eble ili simple sekvis sakrajn tekstojn, kiuj diris: *«Tiel estis konstruite dum la Unua Fojo — tiel devas esti konstruite denove»*.

Teknologio, kiun oni ne povas plibonigi

Ekzistas interesa observado.

Kiam teknologio evoluas nature, ĝi iras de la simpla al la kompleksa. Kaj ĉiam ekzistas provoj plibonigi.

La unuaj aŭtomobiloj estis malrapidaj kaj nefidindaj. Dum la tempo — pli rapidaj, pli fidindaj, pli komfortaj.

La unuaj komputiloj okupis tutajn ĉambrojn. Nun — ili eniras en poŝon.

Sed piramidoj?

La **Granda Piramido** estas la plej preciza, la plej masiva, la plej perfekta.

Post ĝi — *neniu konstruis pli bone.* Eĉ ne konstruis egalan.

Kial?

Unu el la respondoj: ĉar la konstruistoj sciis, ke ĝi devas esti *ĝuste tia.* Ne pli granda, ne pli malgranda. Ne pli preciza, ne pli simpla.

Tia, kia estis en la originalo.

Kaj post kiam ili konstruis — la scioj komencis perdiĝi. La sekvaj generacioj jam ne komprenis ĉiujn detalojn. Ili provis kopii, sed la rezultoj estis pli malbonaj.

Kiel mezepokaj monaĥoj, kopiante antikvajn romanajn tekstojn. Ili kopias la vortojn, sed ne ĉiam komprenas la sencon. Dum la tempo aperas eraroj, preterlasoj, distordoj.

Same kun la piramidoj.

La unua (**Granda**) konstruita laŭ plenaj skemoj. La sekvaj — laŭ simpligigitaj kopioj. La postaj — laŭ memoroj pri la kopioj.

Antaŭ la fino de la piramida epoko (ĉirkaŭ **1700 a.K.**) la egipcianoj jam ne konstruis verajn piramidojn — nur malgrandajn, krudajn strukturojn el brikoj, kiuj rapide disfalis.

La scio estis perdita.

Ili sciis KIAL

Jen la plej grava punkto.

La konstruistoj ne simple sekvis instrukciojn blinde.

Ili komprenis la funkcion.

Kiam vi konstruas domon, vi scias: muroj por protekto kontraŭ vento kaj pluvo, tegmento por protekto kontraŭ precipitaĵoj, fenestroj por lumo, pordo por eniro.

Ĉiu elemento havas celon.

Same la piramido.

La subtera ĉambro — por unu funkcio (rezervujo? ankro? energia fonto?).

La suprenanta kaj malsuprena koridoroj — por alia (direktado de fluoj? ondokonduktiloj?).

La Granda Galerio — por tria (akustika resonancilo? premoĉambro?).

La Ĉambro de la Reĝo kun sarkofago — por kvara (fokusado de energio? transformado de frekvencoj?).

La malŝarĝaj ĉambroj — ne nur por distribuo de pezo, sed eble ankaŭ por izolado, ŝirmado, kreado de multitavola strukturo.

La ŝaktoj — ne nur por stelara orientiĝo, sed eble por direktado de radiado, ricevado de signaloj.

Ĉiu elemento sur sia loko. Ĉar tiel ĝi devas esti.

Kaj la konstruistoj tion sciis.

Paralelo kun perditaj teknologioj

La historio estas plena de ekzemploj de teknologioj, kiuj estis perditaj kaj ne povis esti reproduktitaj dum jarcentoj.

La Greka Fajro — brulanta miksaĵo de la Bizanca Imperio (**VII–XII jarcento**). Brulis sur akvo, ne povis esti estingita per akvo. La formulo estis ŝtata sekreto, konata nur al la imperiestra familio. Kiam Bizanco falis, la sekreto estis perdita. Ĝis nun la preciza konsisto estas nekonata.

La Damaska Ŝtalo — glavoj de nekredebla forto kaj akreco, fabrikataj en Hindujo kaj en la Proksima Oriento (**300–1700 j.**). La teknologio estis perdita en la **XVIII-a jarcento**. Nuntempaj metalurgistoj ne povas plene reprodukti la procezon.

La Romia Betono — speciala formulo, ebliganta konstrui strukturojn, kiuj staris jarmiloJn (**la Panteo**, akveduktioj). Post la falo de la Roma Imperio la recepto estis forgesita. Nuntempa betono disfaliĝas dum jardekoj, la romia — staras **2 000 jarojn**.

En ĉiuj kazoj: la mestroj sciis, kion ili faris. Ili komprenis la procezon, kontrolis la rezulton.

Sed kiam la scio ne estas transdonata — ĉar milito, katastrofo, la lasta mestro mortas — la teknologio perdiĝas.

La sekvaj generacioj provas reprodukti — la rezulto estas pli malbona.

LA PIRAMIDOJ ESTAS la sama kazo — sed je pli vasta skalo.

La konstruistoj de la **4-a dinastio** de Egipto (**2600–2500 a.K.**) havis scion. Plenan, detalan, testitaн.

Ili konstruis la **Grandan Piramido**, la **Piramido de Ĥefro**, la **Piramido de Mikerino** — ĉiujn tri en **Gizo**, ĉiujn tri kun nekredebla precizeco.

Tio estis la apogeo. La lasta ekbrilo de la antikva scio.

Poste — degradado. La **5-a dinastio** konstruis pli malgrandajn piramidojn, malpli precizajn. La **6-a dinastio** — ankoraŭ pli malbonajn. Antaŭ la **Meza Regno** (**2000 a.K.**)

piramidoj estis konstruataj el krudaj brikoj, kiuj disfalis dum jarcentoj.

La scio estis perdita.

Sed por mallonga momento, en la **26-a jarcento a.K.**, ĝi estis. Plena. Funkcia.

Kaj la konstruistoj uzis ĝin, por krei strukturon, kiu postvivos jarmiloJn.

Ne kiel monumento por la ego de faraono. Ne kiel tombo.

Kiel maŝino. Meĥanismo. Aparato kun determinita funkcio.

Funkcio, kiun ni ne plu komprenas.

Sed ili komprenis. Kaj konstruis ĝuste tiel, kiel ĝi devis esti.

Mesaĝo en la precizeco

Ekzistas ankoraŭ unu nivelo de kompreno.

Eble la konstruistoj sciis: ĉi tiu strukturo postvivos ilian civilizacion. Postvivos jarmiloJn. Staros, kiam ĉio alia transformiĝos en polvon.

Kaj la estontaj generacioj, trovinte ĝin, starigos la demandon: *«Kiel tio estas ebla?»*

Ĝuste ĉi tiu demando — estas la mesaĝo.

La precizeco diras: «Ni ne estis primitivaj. Ni sciis matematikon, geometrion, astronomion».

La skalo diras: «Ni povis mobilizi grandegajn rimedojn, organizi milojn da laboristoj, krei infrastrukturon».

La longedaŭreco diras: «Ni konstruis por jarcentoj, komprenante ke nia civilizacio povas fali, sed tio restos».

La funkcialeco (eĉ se ni ĝin ne komprenas) diras: «Tio ne estis ornamo. Ĝi funkciis. Ni uzis teknologiojn, kiujn vi perdis».

ĈIU PERFEKTE KONGRUIGITA bloko — estas pruvo.

Ĉiu precize orientita koridoro — estas atesto.

Ĉiu enkonstruita matematika konstanto — estas krio tra la tempo:

«NI SCIIS. NI KAPABLIS. NE FORGESU NIN».

KAJ NI NE FORGESIS.

Ni staras ĉe la piedo de piramidoj kaj rigardas supren, provante kompreni.

Provante restaŭri scion, kiu estis perdita.

Provante respondi la demandon: *kial?*

Eble iam ni komprenos.

Eble ni denove atingos nivelon, ĉe kiu ni povos ne nur kopii, sed krei.

Kaj ĝis tiam — la piramidoj staras.

Silentemaj. Precizaj. Eternaj.

Atestantoj de civilizacio, kiu sciis, kion ĝi faras.

Kaj konstruis ĝuste tion, kio devis esti konstruita.

Eĉ se ni jam ne komprenas, kial.

Vizaĝoj el la eterneco — dioritaj atestantoj

En la subteraj ĉambroj de la **Egipta Muzeo** en **Kairo**, malproksime de la homamasoj da turistoj, staras statuoj, kiuj ne devus ekzisti.

Ili estas faritaj el **diorito**.

Se vi ne estas geologo, ĉi tiu nomo povas signifi nenion. Sed por tiuj, kiuj konas ŝtonon, diorito estas la koŝmaro de skulptisto.

Kaj ĝuste pro tio ĉi tiuj statuoj estas unu el la plej grandaj atestoj de la perdita civilizacio.

Diorito — ŝtono, kiun ne eblas pritrakti

Diorito estas intruziva magma roko. Ĝi formiĝas profunde sub la tero ĉe malrapida malvarmiĝo de magmo. Ĝi konsistas el kristaloj de feldspato, hornblendo, biotito.

Malmoleco laŭ la skalo de **Mohs**: 7–**7,5** (el 10).

Por kunteksto:

- Kupro (iloj de antikvaj egipcianoj): **3,5**
- Bronzo: **4**
- Fero: **4,5**
- Hardita ŝtalo: **5,5–6**

Tio signifas: per kupraj aŭ bronzaj iloj dioritor estas neebla pritrakti. La ilo eluziĝos antaŭ ol la ŝtono.

Eĉ nuntempaj skulptistoj evitas dioritor. Por ĝia pritraktado bezonas:

- Diamantaj freziloj
- Altrapidaj grindsmaŝinoj
- Pacienco

Unu nuntempa skulptisto, kiu provis skulpti figuron el diorito per elektraj iloj, diris: *«Ĝi estis kiel provi tranĉi graniton per butero. Post unu horo da laboro mi profundiĝis je 2 milimetroj»*.

La statuo de Ĥefro — neebla perfekteco

En la **Egipta Muzeo** staras statuo de faraono **Ĥefro** (Ĥefren), la dua konstruisto de la piramidoj de **Gizo.**

Alto: **168 cm.**

Materialo: tuta bloko da diorito.

Datigo: oficiale ĉirkaŭ **2570 a.K.**

Kaj ĝi estas perfekta.

Kio faras ĝin neebla:

1. Poluro

La surfaco de la statuo estas polura ĝis spegula brilo. Kiam lumo falas sur ĝin sub la ĝusta angulo, la ŝtono reflektas kiel nigra vitro.

Nuntempaj geologoj, studintaj la statuon, ne povas kompreni, kiel ĉi tio estis atingita.

Por poluri dioritor ĝis tia stato hodiaŭ, bezonas:

- Abrazivajn materialojn kun malmoleco pli alta ol 7 **laŭ Mohs** (korundo, smirgo, diamanta pasto)
- Meĥanikajn polursmaŝinojn, funkcianta je altaj rapidecoj
- Dekojn da horoj da laboro

La antikvaj egipcianoj, laŭ la oficiala versio, uzis kvarcan sablon (malmoleco 7 — teorie sufiĉe) kaj paciencon.

Eksperimentoj montris: jes, per kvarca sablo eblas poluri dioritor. Se oni laboras **10 horojn** tage, la poluro de unu statuo daŭros ĉirkaŭ **5–7 jarojn**.

Eble? Teknike — jes.

Probable? Dubinde.

2. Detalizado

La statuo de **Ĥefro** ne estas simple polura. Ĝi estas detalizita per ĥirurgia precizeco.

Vizaĝo: ĉiu trajto estas anatomie ĝusta. La palpebroj havas dikon de malpli ol **2 mm**. La lipoj — klara lineo. La nazo — kun delikataj naztruoj.

Manoj: fingroj kun artoj, ungoj, palmolinioj.

Drapiro de vesto: la faldoj de tkanaro estas eltranĉitaj tiel, ke la tkanaro ŝajnas mola — kvankam ĝi estas la malmolega ŝtono.

Sub la trono: reliefo kun la simbolo **Sema-Taui** (unuiĝo de Supra kaj Malsupra Egipto) — du interplektitaj plantoj, eltranĉitaj kun linioj de malpli ol **1 mm** de larĝo.

Kiel ĉi tio estis farita per kupraj ĉiziloj?

Neniu scias.

3. Simetrio

La statuo estas absolute simetria. La maldekstra kaj dekstra duonoj de la vizaĝo — perfektaj spegulaj reflektoj unu de la alia.

Nuntempaj antropologoj scias: la homa vizaĝo ĉiam estas iomete nesimetria. Tio estas normala.

Sed la vizaĝo de **Ĥefro** sur la statuo estas *matematike simetria.*

Tio ne estas portreto de reala homo. Tio estas idealigita bildo.

Aŭ... tio estas vizaĝo, kreita laŭ precizaj kalkuloj. Laŭ formuloj. Laŭ la **ora sekcio.**

Kvazaŭ la skulptisto laboris ne el la naturo, sed laŭ skemo.

Aliaj dioritaj statuoj — kolekto de la neebla

Ĥefro ne estas la sola.

Statuoj el la vala templo de Ĥefro:

Kiam arkeologoj elfosis la valan templon ĉe la piedo de la piramido de **Ĥefro** en **1860**, ili trovis ŝakton plenigitan per statuoj.

23 statuoj. Ĉiuj el diorito aŭ granito. Ĉiuj kun nekredebla detalizado.

La oficiala versio: ĉi tiuj estas portreto de **Ĥefro**, kreitaj por ritualaj celoj.

Sed la strangaĵo estas, ke kelkaj statuoj aspektas stilistike pli malnovaj. Pli arkaikaj. Kvazaŭ ili estis kreitaj antaŭ la **4-a dinastio** kaj simple atribuataj al **Ĥefro** poste.

Statuo de Ĥaseĥemui (2-a dinastio, ĉirkaŭ 2700 a.K.):

Ankoraŭ pli malnova. Ankoraŭ pli enigma.

Materialo: verda ardezŝtono (malmoleco **6**–7).

Detalizado: la vizaĝo estas perfekte simetria, la okuloj estas inlaĵitaj (la inlajo estas perdita, restis nur truetoj — perfekte rondaj, profundaj **3 mm**).

Ĉi tiu statuo estas **150 jarojn** pli malnova ol la piramidoj. Laŭdire kreita de civilizacio, kiu ĵus komencis unuiĝi en ŝtaton.

Sed la kvalito de la ŝtona pritraktado ne cedas al la pli postaj laboroj. Fojfoje — superas.

Ili sciis pri la propraĵoj de diorito

Jen la ŝlosila punkto.

La elekto de diorito — ne estas hazardeco.

Diorito estas unu el la malmolaj kaj rezistemaj ŝtonoj. Ĝi estas preskaŭ nesubjekta al:

- Erozio
- Kemia detruo
- Temperaturaj ŝanĝoj
- Akva influo

Kalkŝtono disfaliĝas dum jarmiloJ. Sabloŝtono efloreskas. Eĉ granito dum la tempo estas ventodifektita.

Sed diorito staras. Preskaŭ eterne.

La duoniĝ-periodo de diorito (tempo, dum kiu la ŝtono perdas **50%** de sia maso pro erozio) estas taksata je centoj da milionoj da jaroj.

La skulptistoj, kiuj elektis dioritor, sciis tion.

Ili volis, ke ĉi tiuj vizaĝoj postvivos ĉion. Klimatajn ŝanĝojn. Civiliziziojn. Eble — eĉ geologiajn epokojn.

Ili kreis ne por faraono. Ne por ritualo.

Ili kreis por la eterneco.

Vizaĝoj, kiuj vidis dinosaŭrojn?

Nun la plej radikala parto de la hipotezo.

Kio se ĉi tiuj statuoj estas pli malnova, ol ni pensas? *Tiom pli malnova?*

La oficiala datigo estas bazita sur:

1. Stilistika analizo (similas al aliaj verkoj de la **4-a dinastio**)
2. Hieroglifoj sur la statuoj (nomoj de faraonoj)
3. Kunteksto de la trovo (trovita en temploj de determinita periodo)

Sed neniu el ĉi tiuj metodoj donas absolutan daton por la ŝtono mem.

Hieroglifoj povis esti aldonitaj poste — faraonoj ofte proprigis antikvajn monumentojn, eltranĉante siajn nomojn.

Stilistika analizo estas subjektiva.

La kunteksto de la trovo montras, kiam la statuo estis laste uzata — ne kiam ĝi estis kreita.

Kio se:

La civilizacio, kiu kreis ĉi tiujn statuojn, ekzistis *antaŭ* la Antikva Egipto?

Longe antaŭ. Eble dekoj da miloj da jaroj. Eble centoj da miloj.

Eble — milionoj.

Ili kreis ĉi tiujn bildojn en diorito, sciante: la ŝtono postvivos ĉion. Klimatajn kataklismojn. Glaciajn periodojn. Altiĝon kaj falon de oceanoj.

La statuoj estis atestantoj.

Kiam la koloniistoj de la ŝipo de generacioj alteriĝis sur la Tero kaj komencis konstrui sian civilizacion — ili jam trovis ĉi tiujn vizaĝojn.

Starantajn en dezerto. Aŭ en ĝangaloj. Aŭ sub akvo.

Vizaĝoj de nekonatoj. Vizaĝoj de tiuj, kiuj estis ĉi tie antaŭ.

Spuroj de akvoerozio — la piramidoj estis inundataj

Ĉi tie la hipotezo fariĝas ankoraŭ pli aŭdaca.

En la **1990-aj jaroj** la geologo **Robert Schoch** studis la **Sfinkson** kaj malkovris signojn de akvoerozio sur ĝia korpo.

Ne venterozio. Ne sabla. Ĝuste akvoerozio — vertikalaj sulkoj, karakterizaj por longa influo de pluvo.

La problemo: en Egipto la klimato estas seka dum la lastaj **5 000 jaroj**. Pluvo estas malofta.

Sed **10 000–12 000 jaroj** antaŭe, ĉe la fino de la lasta glaciperiodo, la regiono estis malseka. Tie estis savanaj, lagoj, riveroj.

Schoch supozis: la **Sfinkso** eble estis elhakita en pli frua epoko — **7000–9000 a.K.**

La oficiala egiptiologio rifuzis tion. Tro radikale.

Sed ekzistas aliaj atestoj.

Ene de la piramidoj:

Kelkaj esploristoj raportas pri spuroj de akvoerozio ene de la malsuprena koridoro de la **Granda Piramido**.

Glataj, ondformaj surfacoj, karakterizaj por longa influo de fluanta akvo.

Oficiala klarigo: kondensato, humido.

Alternativo: *la piramido estis parte inundata en la antikveco.*

Salaj deponeĵoj:

En kelkaj internaj ĉambroj estis malkovritaj blankaj kristalaj deponeĵoj sur la muroj.

Kemia analizo: saloj de natrio kaj magnezio — karakterizaj por mara aŭ lagena akvo.

De kie salo en fermita ĉambro meze de piramido?

Se la piramido staris parte sub akvo jarmiloJn antaŭe, la akvo povus traflui tra mikrofendoj, vaporiĝi, lasante la salon.

Hipotezo: civilizacio antaŭ la dezerto

La nuna **Saharo** estas dezerto. Sed ĝi estas relativa freŝaĵo.

12 000 jaroj antaŭe **Norda Afriko** estis verda. Lagoj, riveroj, arbaroj. Tio estas nomata la «*Afrika Malseka Periodo*» aŭ «*Verda Saharo*».

La klimato ŝanĝiĝis ĉirkaŭ **5 000 jaroj** antaŭe. La regiono sekiĝis. Fariĝis dezerto.

Kio se:

Altevoluta civilizacio ekzistis en **Norda Afriko** antaŭ la dezertigo?

Kiam la regiono estis fruktodona, kun abunda akvo, ideala klimato.

Ili konstruis urbojn. Templojn. Observatoriojn.

Ili skulptis vizaĝojn en diorito — vizaĝojn de siaj estroj, sciencistoj, eble simple idealigitajn bildojn — kaj starigis ilin en temploj, sciante ke la ŝtono postvivos jarmiloJn.

Poste — katastrofo.

Superakvo? Klimata ŝanĝo? Ambaŭ?

Ĉirkaŭ **12 000 jaroj** antaŭe la oceana nivelo rapide leviĝis (**Meltwater Pulse 1A**). Bordaj regionoj estis inundataj.

Eble parto de **Norda Afriko** ankaŭ estis inundata aŭ travivis katastrofajn inundojn.

La piramidoj kaj la **Sfinkso** (se ili jam ekzistis) estis parte sub akvo. Jarojn. Eble jarcentojn.

La akvo lasis erozisignojn.

Poste la akvo retiriĝis. La klimato ŝanĝiĝis. La regiono sekiĝis.

Restis nur ruinoj. Kaj dioritaj statuoj — *vizaĝoj de tiuj, kiuj estis antaŭ.*

Jura periodo? Aŭ pli malfrua?

Ĉu ni povas iri ankoraŭ pli malproksimen?

Kio se la civilizacio, kiu kreis la dioritajn statuojn, ekzistis ne **12 000 jaroj** antaŭe, sed tiom pli frue?

La Jura periodo: 201–145 milionoj da jaroj antaŭe. La epoko de dinosaŭroj.

Klimato varma, malseka. La plimulto de la terlando estas kovrita de tropikaj arbaroj. La oceana nivelo alta.

La nordafrika regiono (kie nun estas Egipto) estis parto de la superkontinento **Pangea**, poste **Gondŭano**. Klimato — malseka, kun abunda vegetaĵaro.

Ĉu eblas, ke racia vivo ekzistis tiam?

La oficiala paleontologio diras: ne. Dinosaŭroj dominis. Mamuloj estis malgrandaj. Primatoj ne ekzistis. La homo ne ekzistis.

Sed kio se racia vivo *alvenis de ekstere*?

Koloniistoj de ŝipo de generacioj povus alteri sur la Tero ne **12 000 jaroj** antaŭe, sed *milionoj* da jaroj antaŭe.

Ili konstruis civilizacion. En epoko, kiam la Tero estis varma, malseka, plena de vivo.

Ili kreis monumentojn — eble la piramidoj estis konstruitaj tiam. Aŭ iliaj prototipoj.

Ili skulptis vizaĝojn en diorito — vizaĝojn de tiuj, kiuj fondis la kolonion. Vizaĝojn, kiuj devis postvivi geologiajn epokojn.

Poste — katastrofo.

Eble la asteroido, kiu mortigis la dinosaŭrojn **66 milionojn da jaroj** antaŭe? Eble alia katastrofo, pri kiu ni ne scias?

La civilizacio kolapsis. La plimulto de la loĝantaro pereis.

La postvivantoj degradis. Komencis denove. Sed la memoro — malforta, distordita — restis.

Kaj la monumentoj restis. Dioritaj vizaĝoj. Starantaj en la ĝangaloj de la jura periodo. Poste — sub akvo, kiam la oceano leviĝis. Poste — en dezerto, kiam la klimato ŝanĝiĝis.

Eternaj atestantoj de la cikloj de la Tero.

La problemo de pruvoj

Kompreneble, tio estas spekulacio. Radikala spekulacio.

Ne ekzistas rektaj pruvoj, ke la statuoj havas aĝon de milionoj da jaroj.

Sed jen kio estas interesa: *kiel ni scius, se ili estus tiom malnovaj?*

Radioaktiva karbona datigo ne funkcias por ŝtono. Ĝi funkcias nur por organikaj materialoj kaj donas datojn ĝis **50 000 jaroj** maksimume.

Aliaj datadmetodoj (**kalio-argona**, **urano-plumba**) funkcias por vulkaniaj rokoj, montrante kiam la roko formiĝis — ne kiam ĝi estis pritraktita.

Diorita statuo, eltranĉita hieraŭ el ŝtono de **100 milionoj da jaroj** de aĝo, montros aĝon de **100 milionoj da jaroj** ĉe geologia analizo.

Ni ne povas dati la momenton de la ŝtona pritraktado.

La sola maniero — kunteksto. Kie trovita, kio apude, kiaj artefaktoj.

Sed kio se la kunteksto estas trompanta? Kio se la statuoj estis movitaj? Reuzataj? Apropriataj de pli postaj civilizizioj?

La egipcianoj kiel heredantoj, ne kiel kreatoj

Ekzistas intriganta detalo en la egipciaj tekstoj.

La egipcianoj mem diris, ke multaj el iliaj scioj venis de «la prapatroj» — ***Zep Tepi***, *«la Unua Fojo»*.

Epoko, kiam dioj iris sur la Tero kaj instruis homojn.

La norma interpreto: mitologio, klarigo de la deveno de kulturo.

Alternativo: *memoro pri reala antaŭiraj civilizacio.*

La egipcianoj trovis antikvajn statuojn, templojn, strukturojn. Ne komprenis, kiu kreis ilin. Atribuis al dioj.

Ili provis kopii. Restaŭri.

Ili eltranĉis hieroglifojn sur la statuoj, apropriantaj ilin al siaj faraonoj.

Sed la statuoj mem estis pli malnovaj. Tiom pli malnovaj.

Diorito kiel mesaĝo

Ni revenu al la ĉefa punkto.

Tiu, kiu elektis dioritor por la statuoj, sciis pri ĝiaj propraĵoj.

Sciis, ke ĝi estas unu el la malmolaj kaj rezistemaj ŝtonoj sur la Tero.

Sciis, ke la pritraktado estos nekredible malfacila — sed la rezulto postvivos jarmiloJn, milionojn da jaroj.

Tio estis konscia elekto.

Ne por beleco (ekzistas pli belaj ŝtonoj).

Ne por facileco de laboro (diorito estas koŝmaro).

Sed por *longedaŭreco*.

Ĉi tiuj vizaĝoj devis postvivi ĉion.

Postvivi katastrofojn. Klimatajn ŝanĝojn. Eble — eĉ la ŝanĝon de geologiaj epokoj.

Vizaĝoj el la eterneco. Rigardantaj tra la tempo.

Atestantoj de tio, ke iam, tre longe antaŭe, tie estis civilizacio.

Evoluinta. Scianta. Kapabla pritrakti la malmolegan ŝtonon kun nekredebla precizeco.

Civilizacio, kiu konstruis por jarcentoj. Kiu sciis: ni povas fali, sed ĉi tiuj vizaĝoj restos.

Kiel mesaĝo. Kiel pruvo.

Kiel *flustro tra milionoj da jaroj:*

«Ni estis ĉi tie. Ni estis raciaj. Memoru nin».

Konkludo: eternaj atestantoj

La dioritaj statuoj staras en muzeoj.

Turistoj trapasas, faras memfotojn, sen pripenso.

Sed ĉi tiuj vizaĝoj vidis tion, kion ni ne povas imagi.

Eble ili vidis la verdan **Saharon**. Lagojn, kie nun estas sablo.

Eble ili vidis la superakvo. Akvon, leviĝantan, inundantan urbojn.

Eble ili staris en la ĝangaloj de la jura periodo, kiam dinosaŭroj vagis sur la Tero.

Eble ili estas pli malnovaj ol la homa memoro mem.

Kreitaj de civilizacio, kiu alvenis ĉi tien de ekstere. Kiu konstruis, prosperis, falis.

Civilizacio, kiu sciis: *la ŝtono memoras, eĉ kiam homoj forgesas.*

Kaj pro tio ili skulptis ĉi tiujn vizaĝojn en la eterneco.

Por ke iam, eble post milionoj da jaroj, iu trovus ilin.

Rigardus en ĉi tiujn ŝtonajn okulojn.

Kaj demandus: «*Kiu vi estis?*»

Kaj la vizaĝoj silentus.

Sed la nuda fakto de ilia ekzistado — estas la respondo.

Ni estis. Ni sciis. Ni kreis.

Kaj ni volis, ke vi memoru.

Eĉ se vi forgesis ĉion alian.

Aliaj piramidoj — tutmonda reto

La **Granda Piramido de Gizo** ne estas la sola.

Piramidoj ekzistas tra la tuta mondo. Sur ĉiuj kontinentoj. En kulturoj, kiuj, laŭ la oficiala versio, neniam kontaktis unu la alian.

Egipto: Pli ol **100** piramidoj.

Meksiko: La **Piramido de la Suno** en **Teotiŭakan**. La bazo — preskaŭ sama kiel tiu de la **Granda Piramido de Gizo**.

Peruo: La piramidoj de **Kawaĉi**.

Ĉinio: La Blankaj Piramidoj de **Sian** — pli ol **100** strukturoj, kelkaj pli altaj ol la **Granda Piramido**.

Bosnio: La **Piramido de la Suno** en **Visoko** — disputata, sed kelkaj esploristoj asertas, ke ĝi estas antikva artfarita konstruaĵo.

Indonezio: Gunung Padang — megalita strukturo, eble piramido, datiĝanta **20 000 jaroj** antaŭe (kvankam tio estas disputata).

Kial piramido? Kial ĉi tiu formo ripetiĝas sendepende en diversaj kulturoj?

La oficiala respondo: ĝi estas natura formo por monumenta arkitekturo. Larĝa bazo, stabila konstruo.

Sed ekzistas alia interpreto.

Kio se ĉiuj ĉi tiuj kulturoj estis ligitaj? Kio se ili estis restaĵoj de unu tutmonda civilizacio, kiu ekzistis antaŭ la Superakvo, antaŭ la katastrofo, antaŭ la forgeso?

Kaj la piramidoj — estas tio, kio restis. *Lumturoj de la pasinteco.*

Atlantido — mito aŭ memoro?

Platono, la antikva greka filozofo, en la dialogoj ***«Timaio»*** kaj ***«Kritias»*** (ĉirkaŭ **360 a.K.**) priskribis la civilizacion de **Atlantido**.

La plimulto de historiistoj konsideras tion alegorio, filozofia parabolo.

Sed **Platono** asertis, ke ĝi estas reala historio, rakontita de egipciaj pastroj al la greka saĝulo **Solono**.

Ni rigardu, kion li skribis.

Priskribo de Atlantido laŭ Platono:

«Trans la Herakleidaj Kolonoj (la Ĝibraltar-markolo) troviĝis insulo, pli granda ol Libio kaj Azio kune.

Sur ĉi tiu insulo aperis miriga laŭ amplekso kaj potenco reĝlando, kiu regis la tutan insulon, same kiel multajn aliajn insulojn kaj parton de la kontinento.

La reĝoj de Atlantido regis Libion ĝis Egipto kaj Eŭropon ĝis Tirenio (Italio)».

Platono priskribas la ĉefurbon de Atlantido:

- Koncentraj cirkloj de terlando kaj akvo (tri ringoj de akvo, du de terlando)
- Grandegaj temploj, kovritaj de oro, arĝento kaj

oriĥalko (nekonata metalo)

- Kompleksa sistemo de kanaloj kaj pontoj
- Havenojn plenajn de ŝipoj
- Loĝantaro de dekoj da miloj

«La Atlantoj estis saĝaj, piaj, justaj. Sed dum la tempo la dia naturo en ili eliĉiĝis, miksiĝinte kun la homa. Ili fariĝis avidaj kaj fieraj.

Zeŭso decidis ilin puni. Kaj tiam okazis teruraj tertremoj kaj inundoj, kaj en unu tago kaj bedaŭrinda nokto la tuta Atlantido dronis en la maron kaj malaperis».

Datigo laŭ **Platono**: **9 000 jaroj** antaŭ **Solono** = ĉirkaŭ **11 500 jaroj** antaŭe.

Realaĵo aŭ fikcion?

La plimulto de sciencistoj rifuzas **Atlantidon** kiel miton.

Sed ekzistas strangaĵoj.

1. Tutmondaj legendoj pri Superakvo

Preskaŭ ĉiu antikva kulturo sur la Tero havas miton pri Granda Superakvo:

- **Sumeranoj:** La *Eposo de Gilgameŝ* — la dio **Enlil** decidas detrui la homaron per superakvo, sed **Utnapiŝtim** konstruas arkon kaj saviĝas.
- **Biblio:** La arko de **Noa** — Dio sendas superakvo por purigi la Teron, **Noa** savas la bestojn.
- **Hindujo:** *Matsja-avataro* — la dio **Viŝnu** avertas **Manu** pri superakvo, **Manu** konstruas ŝipon.
- **Grekio: Devkaliuno** kaj **Pirra** — **Zeŭso** sendas superakvo por detrui la bronzan homan rason.
- **Ĉinio:** La *Granda Superakvo de Kun-Ju* — legenda

superakvo, kiu daŭris generaciojn.

- **Actekoj:** La Kvara Suno finiĝis per granda inundo.
- **Majaoj:** *Popol Vuh* — la dioj detruis la unuan homaron per superakvo.
- **Inkoj:** **Virakoca** detruis la unuajn homojn per superakvo.
- **Aŭstraliaj aborigenoj:** Multaj historioj pri granda inundo.

Pli ol **200** kulturoj tra la tuta mondo havas sendependajn legendojn pri katastrofa superakvo.

Koincido? Aŭ memoro pri reala okazaĵo?

2. Geologiaj atestoj

Ĉirkaŭ **11 600 jaroj** antaŭe finiĝis la lasta glaciperiodo.

Grandegaj glaciaj ŝildoj, kovrintaj **Nordamerikon** kaj **Eŭropon**, komencis fandi.

La nivelo de la monda oceano leviĝis je **120 metroj** dum kelkaj jarmiloJ.

Sed ne laŭgrade. Estis periodoj de katastrofe rapida altiĝo.

Meltwater Pulse 1A (ĉirkaŭ **14 600 jaroj** antaŭe): la oceana nivelo leviĝis je **16–25 metroj** dum **400–500 jaroj**. Tio estas **4–6 centimetroj** en jaro — sufiĉe por inundi bordajn urbojn dum unu generacio.

Meltwater Pulse 1B (ĉirkaŭ **11 500 jaroj** antaŭe): la nivelo leviĝis ankoraŭ je **10–15 metroj** dum kelkaj jarcentoj.

Ĉi tiu dato — **11 500 jaroj** antaŭe — *precize kongruas* kun la datigo de la pereo de **Atlantido** laŭ **Platono**.

Multaj bordaj regionoj estis inundataj. Tutaj kontinentaj ŝelfoj iris sub akvon.

Doggerland — vasta teritorio, kiu kunligis **Brition** kun kontinenta **Eŭropo**, inundata ĉirkaŭ **8 000 jaroj** antaŭe.

Sunda Ŝelfo — grandega teritorio inter **Indonezio**, **Malajzio** kaj **Hindoĉinio**, inundata **10 000–12 000 jaroj** antaŭe.

Beringio — la ponto inter **Azio** kaj **Ameriko**, inundata.

Kio se sur ĉi tiuj teritorioj ekzistis civilizizioj? Urboj, temploj, havenoj?

Nun ili estas sub akvo. Je profundo de 50–120 metroj. Neniu serioze serĉis.

3. Subakaj strukturoj

Sed foje oni trovas.

Jonaguni **(Japanio):** Subaka strukturo apud la bordo de la insulo **Jonaguni**. Malkovrita en **1987**.

Aspektas kiel plurŝtupa piramido kun rektaj anguloj, plataj surfacoj, klare pritraktitaj blokoj.

Officiala versio: natura geologia formacio.

Sed kelkaj esploristoj asertas: tro multaj rektaj linioj, tro multaj rektaj anguloj por la naturo.

Se ĝi estas artfarita — datigo laŭ la oceana nivelo: inundata ĉirkaŭ **10 000 jaroj** antaŭe.

Dŭarka **(Hindujo):** Antikva urbo, priskribita en la hinda eposo ***Mahabharato*** kiel la ĉefurbo de **Kriŝno**.

Ĝi estis konsiderata mito, ĝis en **2000** maraj arkeologoj malkovris subakajn ruinojn apud la bordoj de **Guĝarato**.

Blokoj de regula formo, muroj, stratoj. Karbona datigo — ĉirkaŭ **9 500 jaroj** antaŭe.

Bimini Vojo **(Bahamoj):** Subaka strukturo, aspektanta kiel vojo el grandaj ŝtonblokoj.

Malkovrita en **1968**. Kelkaj blokoj pezas ĝis **15 tunoj**.

Natura formacio aŭ antikva vojo? La disputoj daŭras.

Majaoj kaj subita scio

Ni transiru al **Centra Ameriko**.

La civilizacio **Majaoj** — unu el la plej enigmaj en la historio.

Oficiala datigo: la klasika periodo de Majaoj — **250–900 j. p.K.**

Sed jen strangaĵo: la Majaoj aperas kvazaŭ el nenie, jam kun plene formita kulturo.

Matematiko kaj astronomio

La Majaoj uzis la koncepton de nulo en matematiko.

Por kunteksto: **Eŭropo** ekscis pri nulo nur en la **XIII-a jarcento**, kiam arabaj matematikistoj alportis ĉi tiun scion el **Hindujo**.

Sed la Majaoj uzis nulon jam en la **III-a jarcento p.K.** *Sendepende.*

Ilia nombrosistemo estis dudekuma (bazo **20**) kaj pozicia — pli progresinta ol la romaj ciferoj, uzataj en **Eŭropo** en la sama tempo.

Astronomio de Majaoj:

Ili kalkulis la daŭron de la suna jaro kun precizeco ĝis kelkaj sekundoj: **365,2420 tagoj**.

Nuntempaj mezuradoj: **365,2422 tagoj**.

La eraro — **0,0002 tagojn**. Tio estas pli precize ol la *Juliaj Kalendaro*, uzita de **Eŭropo** ĝis la **XVI-a jarcento**.

Ili konis la precizajn ciklojn de **Venuso** (**584 tagoj**), povis antaŭdiri sunajn kaj lunajn eklipsojn.

Ili havis la **Longan Kalkulon** — kalendarisistemon, ampleksantan **5 125 jarojn** (komenco: **11 aŭgusto 3114 a.K.**, fino: **21 decembro 2012 p.K.**).

Demando: *kial popolo, vivanta en ĝangalo, bezonas kalendarion por 5 000 jaroj?*

Piramidoj kaj urboj

La Majaoj konstruis centojn da urboj kun masivaj ŝtonaj piramidoj.

Tikal **(Gvatemalo):** Piramido alta **65 metrojn.** Komplekso el **3 000** strukturoj. Loĝantaro en la apogeo — ĉirkaŭ **100 000** homoj.

Ĉiĉen Ica **(Meksiko):** La **Piramido de Kukullkano — 24 metroj** alta, precize orientita laŭ la mondpunktoj.

En la tagoj de la printempa kaj aŭtuna ekvinokso, lumo kaj ombro kreas iluzion de rampanta serpento sur la ŝtuparo de la piramido. Tio postulas nekredeblan komprenon de astronomio kaj arkitekturo.

Palenque **(Meksiko):** La **Templo de Skriboj** — ene trovita la tombo de la reĝo **Pakal.**

Sur la kovrilo de la sarkofago — bild, kiun kelkaj interpretas kiel homon, pilotanta kosmoŝipon (tio estas disputata, sed la bildo estas vere stranga).

Subita kolapso

Kaj poste, ĉirkaŭ **900 p.K.**, la klasika civilizacio de Majaoj subite kolapsis.

Urboj estis forlasitaj. La loĝantaro reduktis je **90%**. La grandajn templojn englutiis la ĝangaloj.

Kial?

Oficialaj teorioj: sekeco, troapopulacio, militoj, ekologia katastrofo.

Sed jen la strangaĵo: la urboj estis forlasitaj *en ordo*. Neniaj signoj de amasa paniko, masaka, detruo pro milito.

Homoj simple... foriris. Aŭ mortis. Aŭ malaperis.

Kaj la scioj malaperis kun ili. La posteuloj de Majaoj en la **XVI-a jarcento**, kiam alvenis la hispanoj, jam ne memoras, kiel iliaj prapatroj konstruis piramidojn aŭ kalkulis la movadon de planedoj.

Kvazaŭ okazis rompo. Perdo de suksesio.

Teotiŭakan — la urbo de dioj

Ankoraŭ norde, en **Meksiko**, troviĝas **Teotiŭakan.**

La nomo estas azteka, signifas *«La Loko, Kie Naskiĝis Dioj»*. Sed la actekoj ne konstruis ĉi tiun urbon. Ili trovis ĝin jam forlasita, tegita de tero, antikva.

Kiam la urbo estis konstruita? *Neniu precize scias.*

Officiala datigo: komenco de konstruado ĉirkaŭ **100 a.K.**, apogeo **100–650 p.K.**

Sed ĉi tio estas bazita sur ceramikaĵoj kaj radioaktivakarbon-analizo de organikaj materialoj. La strukturoj mem povas esti pli malnovaj — ŝtono ne estas datigebla per radioaktivakarbona metodo.

Skalo kaj precizeco

La ĉefa akso de la urbo — la *«Vojo de la Mortintoj»* — longa **2,4 kilometrojn**, larĝa **40 metrojn**, perfekte rekta.

Ĝi estas orientita je **15,5°** orienten de la nordo. Ne hazarde — ĉi tiu orientiĝo kongruas kun la subiro de la stelaro **Plejadoj**, kiu havis enorman signifon por multaj mezoamerikaj kulturoj.

La Piramido de la Suno:

- Alto: **65 metroj**
- Bazo: **225 × 225 metroj**
- Volumeno: pli ol **1 miliono da kubaj metroj** de materialo
- La tria laŭ grandeco piramido en la mondo (post la

Granda Piramido de Gizo kaj la piramido en **Ĉolulo**)

La Piramido de la Luno:

- Alto: **43 metroj**
- Lokita tiel, ke ĝia pinto estas sur la sama nivelo kiel la pinto de la **Piramido de la Suno**, malgraŭ la diferenco en la alto de la bazo

Tio postulas precizajn topografiajn mezuradojn.

Miko kaj subteraj ĉambroj

En la **1960-aj jaroj** arkeologoj malkovris sub la **Piramido de la Suno** tavolon de **miko** (izola mineralo) de kelkaj centimetroj da diko, enkonstruita en la konstruon.

Miko — mineralo, uzata en la moderna industrio kiel izolanto (elektra kaj terma). Ĝi estas uzata en kondensatoroj, elektroniko.

Kial antikvaj konstruistoj bezonis izolanton ene de piramido?

Pli ol tio: geologia analizo montris, ke la miko estis ĉerpita en **Brazilo, 3 000 kilometrojn** for de **Teotiŭakan.**

Iu transportis tunojn da miko tra la tuta kontinento. Kial?

Urbo-komputilo?

Kelkaj esploristoj supozas: **Teotiŭakan** estis projektita kiel unu sistemo.

La distancoj inter la strukturoj kongruas kun matematikaj proporcioj. La komplekson eblas priskribi kiel giganta modelo de la **Sunsistemo**, kie la distancoj inter la piramidoj kongruas (en determinita skalo) kun la distancoj inter la planedoj.

La **Piramido de la Suno** = **Suno**. La **Piramido de la Luno** = **Luno**. Aliaj strukturoj = planedoj.

Koincido? Aŭ intenca dezajno?

Kiu konstruis kaj kien ili malaperis?

Apogeo de **Teotiŭakan: 100–650 p.K.** Loĝantaro en la apogeo — ĉirkaŭ **125 000–200 000** homoj. Unu el la plej grandaj urboj de la mondo tiam.

Kaj poste, ĉirkaŭ **750 p.K.**, la urbo estis bruligita. Ne de eksteraj konkeratoroj — la atestoj indikas premeditan internajn detruo. La elito bruligis palacojn kaj templojn, kaj la urbo estis forlasita.

Kial?

Neniu scias. Neniaj skribitaj fontoj. La konstruistoj ne lasis tekstojn (aŭ ni ilin ne trovis).

Kiam la actekoj alvenis tien en la **XIV-a jarcento**, la urbo estis forlasita jam **600 jarojn**. Ili ne sciis, kiu ĝin konstruis. Ili pensis, ke tion faris dioj.

Saksajuaman kaj poligona masonstilo

Ni transiru al **Suda Ameriko. Peruo. Andoj**.

Super la urbo **Kusko** troviĝas la fortikaĵo (aŭ templo?) **Saksajuaman.**

Oficiale konstruita de **Inkoj** en la **XV-a jarcento**.

Sed la inkoj mem asertis: *ili ne konstruis tion. Ili trovis ĝin kaj restaŭris.*

Ŝtonoj, kiuj ne devus ekzisti

La muroj de **Saksajuaman** konsistas el ŝtonblokoj pesantaj de **100** ĝis **200 tunoj**.

Ne brikoj. Ne malgrandaj ŝtonoj. Blokoj grandaj kiel aŭtobuso.

Ĉi tiuj blokoj estas pritraktitaj en tekniko nomata ***«poligona masonstilo»***: ĉiu ŝtono havas unikan, kompleksan formon kun multaj anguloj kaj fazetoj, sed estas kongruigita al la najbaraj ŝtonoj perfekte.

Inter la ŝtonoj ne eblas enigi eĉ klingo. Nenia mortero. Nur ŝtono al ŝtono.

Kiel ĉi tio estas farita?

La inkoj ne havis ferajn ilojn. Nur bronzajn kaj ŝtonajn.

La oficiala versio: ili uzis ŝtonajn martelojn por pritraktado kaj nivelado de blokoj.

Eksperimentoj montras: por pritrakti unu tian blokón per ŝtonaj iloj, bezonas kelkajn monatojn da laboro de dekoj da homoj.

En **Saksajuaman** estas pli ol **200** tiaj blokoj.

Eĉ se laboris miloj da homoj, la konstruado daŭrus jardekojn. Nur por la pritraktado de ŝtonoj. Sen kalkulo de transportado (la plej proksima ŝtonminejo estas **20 km**) kaj instalado.

Alternativa teknologio?

Ekzistas stranga detalo.

La surfaco de kelkaj blokoj aspektas *fandita.* Ne glate tranĉita, sed kvazaŭ fandigita kaj solidigita.

Kelkaj esploristoj supozas: estis uzita teknologio de molo de ŝtono. Eble kemia (acidoj bazitaj sur plantoj?) aŭ terma.

Ekzistas legendoj de inkoj pri likvaĵo, kiu povis moligi ŝtonon, igante ĝin plasteĉa kiel argilo. Post solidigo la ŝtono denove fariĝis malmola.

Fikcion? Eble.

Sed kiel alie klarigi la perfektan kongruigon de blokoj pesantaj **200 tunojn** kun dekoj da anguloj ĉiu?

Vibro-akustika levitado?

Alia teorio, ankoraŭ pli fantastika: uzado de sono por movado de ŝtonoj.

En inkaj kaj pli malnovaj andaj legendoj estas menciitaj pastroj, kiuj povis igi ŝtonojn flugi, uzante sonajn tubojn aŭ kantadon.

La moderna fiziko konas la fenomenon de ***akustika levitado***: sonondoj de determinita frekvenco povas krei starantajn ondojn, kiuj tenas malgrandajn objektojn en la aero.

Ĉu eblas ĝin skali por 200-tunaj blokoj? Per nuntempaj teknologioj — ne.

Sed kio se la antikva civilizacio sciis ion, kion ni forgesis?

Puma Punku — neebla precizeco

Je **70 km** de **Saksajuaman**, en **Bolivio**, troviĝas **Puma Punku** — parto de la komplekso **Tiŭanako**.

Oficiala datigo: **536–600 p.K.**

Sed kelkaj esploristoj supozas: la komplekso povas esti signife pli malnova, konstruita antaŭ la inkoj de nekonata civilizacio.

Precizia pritraktado de ŝtono

Puma Punku enhavas ŝtonblokok pritraktatajn kun precizeco, kiu ŝajnas neebla sen nuntempaj maŝinoj.

H-blokoj: Grandaj ŝtonblokoj en la formo de la litero **H**. Pezo — ĝis **130 tunoj**.

Surfacoj estas plataj kun precizeco ĝis frakcio de milimetro. Anguloj — perfekte **90 gradoj**.

Truetoj kaj eĉetoj: En la ŝtonoj estas perfekte rondaj truetoj kaj rektangulaj eĉetoj.

Nuntempaj maistraj ŝtonistoj, analizante ĉi tiujn strukturojn, diras: por tia pritraktado bezonas maŝinojn kun diamantaj freziloj aŭ *lasera tranĉado*.

La materialo — **andezito** kaj **diorito**, tre malmolaj rokoj.

Kiel ĉi tio estas farita per bronzaj aŭ ŝtonaj iloj?

Neniu scias.

Normigo

Ankoraŭ pli stranga: multaj blokoj de **Puma Punku** ŝajnas normigitaj. Kvazaŭ ili estis produktataj serieble.

Samaj dimensioj, samaj anguloj, interanstataŭigeblaj partoj.

Tio estas la koncepto de *amasa produktado* uzante ŝablonojn. Koncepto, kiu aperis en la industria revolucio de la **XVIII-a jarcento**.

Sed ĉi tie ĝi estas aplikita al ŝtonblokok pesantaj dekojn da tunoj, laŭdire en la **VI-a jarcento p.K.**

Katastrofo — kio interrompis la apogeon?

En ĉiuj ĉi tiuj civilizizioj ekzistas komuna trajto: *subita fino.*

La **Egipta Malnova Regno** (la epoko de piramidoj) kolapsis ĉirkaŭ **2180 a.K.** Periodo de kaoso kaj malunuiĝo.

La **Majaoj** de la klasika periodo — kolapso ĉirkaŭ **900 p.K.**

Teotiŭakan — bruligita ĉirkaŭ **750 p.K.**

Tiŭanako (inkluzive **Puma Punku**) — forlasita ĉirkaŭ **1000 p.K.**

Kio okazis?

Teorio de tutmonda katastrofo

Ekzistas hipotezo: ĉirkaŭ **12 000–11 000 jaroj** antaŭe la Tero travivis tutmondan katastrofon.

Eblaj kaŭzoj:

1. Impakto de kometo aŭ asteroido

Teorio Younger Dryas Impact: ĉirkaŭ **12 800 jaroj** antaŭe fragmentoj de kometo falis sur la Teron, kaŭzante masivajn fajrojn, cunamojn, klimatajn ŝanĝojn.

Pruvoj:

- Tavolo de nanopartikuloj (nanodíamantoj, iridiumaj sferuloj) en geologiaj deponeĵoj de tiu periodo tra la tuta mondo
- Akuta falo de temperaturo (*Younger Dryas* — periodo de malvarmigo)
- Amasa estingiĝo de megafaŭno en **Nordameriko**

2. Inversio de magnetaj poloj

La magneta kampo de la Tero periode ŝanĝas polaracon. La lasta inversio — **780 000 jaroj** antaŭe.

Sed ekzistas datumoj pri mallongdaŭraj *ekskursoj* (provizoriaj ŝanĝoj) de la kampo.

Dum inversio la magneta kampo malfortiĝas, la protekto kontraŭ kosmika radiado malpliiĝas. Tio povas kaŭzi mutaciojn, kanceron, difektadon de DNA.

Ankaŭ eblaj klimataj ŝanĝoj, perturboj en la navigado de bestoj (birdoj, fiŝoj).

3. Supervulkano

La erupcio de la supervulkano **Toba** (**Indonezio**) ĉirkaŭ **74 000 jaroj** antaŭe kaŭzis vulkanan vintron, kiu preskaŭ detruis la homaron.

Sed ĉirkaŭ **12 000 jaroj** antaŭe ne ekzistas spuroj de supervulkanaj erupcioj de tia skalo.

Superakvo — geologia realaĵo

Sendepende de la kaŭzo, la fakto restas: ĉirkaŭ **11 500–11 000 jaroj** antaŭe la nivelo de la monda oceano rapide leviĝis.

Bordaj civilizizioj estis inundataj.

Kio se antaŭ la Superakvo ekzistis evoluinta tutmonda civilizacio? Urboj sur la bordoj, komercaj vojoj sur la maroj, scioj de astronomio kaj matematiko?

La superakvo detruis la bordajn urbojn. La postvivantoj retiriĝis en la internaĵon de la kontinentoj. La scioj estis parte perditaj.

Sed la memoro restis. Kaj la provoj restaŭri.

La egipciaj piramidoj, la piramidoj de Majaoj, Teotiŭakan, Saksajuaman — ĉi tio ne estas originalaj atingoj. Ĉi tiuj estas provoj restaŭri la perditan.

Kopioj de pli antikvaj strukturoj, kiuj nun estas sub akvo aŭ detruita de la tempo.

La postvivantoj rekomencas

Imagu: vi estas inĝeniero de evoluinta civilizacio. Vi havas sciojn de matematiko, astronomio, arkitekturo.

Poste — katastrofo. Superakvo. Tertremoj. Vulkanoj. Urboj detruita. La plimulto de la loĝantaro pereis.

Vi postvivas. Kune kun kelkaj miloj da aliaj.

Sed la infrastrukturo estas detrua. Neniaj fabrikoj. Neniaj bibliotekoj. Neniaj lernejoj.

La unuaj jaroj — simpla postvivo. Manĝo, ŝirmejo, protekto kontraŭ predantoj.

La scioj estas senutilaj, kiam oni devas ĉasi por ne morti de malsato.

Vi provas instrui la infanojn. Sed sen skribo, sen iloj, la scioj simpliĝas, distordiĝas.

Post kelkaj generacioj viaj posteuloj memoras nur pecojn.

«La prapatroj estis grandaj. Ili konstruis grandegajn templojn. Ili sciis la movadon de steloj. Ili estis kiel dioj».

Sed *kiel* ĝuste ili tion faris — estas forgesita.

RESTAS NUR PROVOJ REPRODUKTI.

La konstruistoj de piramidoj de **Egipto** eble provis reprodukti antikvajn strukturojn, pri kiuj ili aŭdis en legendoj.

La **Majaoj** eble konservis matematikon kaj astronomion — ne reinventis denove, sed heredis pecojn de scioj de la antaŭuloj.

Teotiŭakan, **Saksajuaman**, **Puma Punku** — eble konstruita de civilizizioj, kiuj havis aliron al restaĵoj de antikvaj teknologioj aŭ scioj, sed jam ne plene komprenis ilin.

Jen kial ĉi tiuj strukturoj estas tiom impresaj. Ili ne estas la komenco de progreso. *Ili estas eĥo de grandeco, kiu estis antaŭe kaj estis perdita.*

La ciklo ripetiĝas

La historio de la homaro — ne estas linio de progreso. Ĝi estas *sinusoido*. Supreniroj kaj malsupreniĝoj.

Civilizizioj aperas, atingas altojn, poste kolapsis. Novaj civilizizioj leviĝas sur iliaj ruinoj, uzante pecojn de scioj.

Eble ni jam travivis kelkajn tiajn ciklojn.

Eble **12 000 jaroj** antaŭe estis civilizacio, evoluinta ĝis la nivelo de la moderna aŭ pli alta.

Katastrofo detruis ĝin. La postvivantoj rekomencis.

Post jarmiloJ ili konstruis **Egipton**, **Majao**, **Teotiŭakan**. Ne de nulo, sed sur restaĵoj de antikvaj scioj.

Tiuj civilizizioj ankaŭ kolapsis. Pro diversaj kaŭzoj — klimato, militoj, malsanoj, elĉerpo de rimedoj.

Kaj denove rekomencis. **Grekio**, **Romo**, la mezepora **Eŭropo**.

Nun ni estas ĉi tie. La **XXI-a jarcento**. La plej evoluinta civilizacio en la konata historio.

Sed ni staras sur la ŝultroj de tiuj, kiuj estis antaŭ ni. Kaj eble de tiuj, kiuj estis longe antaŭ la registrita historio.

Ni estas infanoj de katastrofo

Ni revenu al nia ĉefa hipotezo.

La koloniistoj flugalveturis al la Tero. Konstruis civilizacion. Eble ne tuj — post jarcentoj aŭ jarmiloJ post la alteriĝo, kiam ili restaŭris la teknologiojn.

Ili konstruis piramidojn, templojn, observatoriojn. Evoluigis sciencon, arton, kulturon.

Kaj poste — katastrofo.

Eble natura: kometo, superakvo, vulkanoj.

Eble artfarita: milito, ekologia katastrofo, elĉerpo de rimedoj.

La civilizacio kolapsis. La plimulto de la loĝantaro pereis.

La postvivantoj perdis la teknologiojn, forgesis la devenon. Rekomencis, de la ŝtona epoko.

Jarmilojecoj poste iliaj posteuloj — *ni* — elfosas la ruinojn kaj ne komprenas: *kiel ĉi tio estis konstruita?*

Ni forgesis, ke ĝin konstruis niaj prapatroj. Ni pensas, ke tio estis aliaj — antikvaj, enigmaj, preskaŭ mitaj civilizizioj.

Sed ĝi estis ni. Simple antaŭ multaj cikloj.

Pruvoj:

1. Tutmonda mitologio pri Superakvo — memoro pri reala katastrofo
2. Neebla arkitekturo de antikveco — restaĵoj de

teknologioj, kiuj estis perditaj

3. Enkonstruitaj matematikaj scioj — provoj konservi informon por posteuloj
4. Subita kolapso de civilizizioj — ripetiĝanta ŝablono, eble ligita al ciklaj katastrofoj
5. Genetika botolgorgeto — ĉirkaŭ **70 000 jaroj** antaŭe la homaro reduktiĝis al kelkaj miloj, sed ekzistas ankaŭ aliaj, pli postaj periodoj de akuta redukto
6. Subakaj strukturoj — atestoj de urboj, inundataj de la altiĝo de la oceana nivelo

Ni ne memoras.

Sed la ŝtonoj memoras.

La piramidoj staras. Silentemaj. Eternaj. Atendantaj, kiam ni denove fariĝos sufiĉe saĝaj por aŭdi ilian mesaĝon.

Mesaĝon pri grandeco, kiu estis perdita.

Kaj averton: ĉi tio povas ripetiĝi.

Se ni ne estos singardaj. Se ni ne konservos la sciojn. Se ni ne protektos nian civilizacion kontraŭ la samaj eraroj, kiuj detruis la antaŭulojn.

Ĉapitro 6:

La hipotezo pri la «ŝipo de generacioj» kaj la forgesita pasinteco

Antaŭ ol ni daŭrigu — grava precizigo. Tio, kion vi legos en ĉi tiu ĉapitro, estas rekonstruo. Hipoteza scenaro. Sed mi invitas vin al mensa eksperimento: kio se? Kio se la koloniistoj de ŝipo de generacioj, alteriĝinte sur la Tero, simple degradis ĝis la ŝtona epoko — eble unue konstruinte ion grandiozan, uzante la restaĵojn de scioj alportitaj de la steloj?

Imagu kosmoŝipon. Ne malgrandan ŝutlon, ne esploran sondilon. Grandiozan konstruaĵon — kilometrojn da metalo, kompozitaj materialoj, turniĝantaj sekcioj kreantaj *artefaritan graviton*. Urbo en la kosmo. *Arko.*

Sur bordo — dekoj da miloj da homoj. Tuta civilizacio, pakita en hermete fermitajn sekciojn. Ili forlasis mortantan mondon — eble planedo, brulata de vastiĝanta stelo. Aŭ mondo, disŝirita de milito. Aŭ ekologia katastrofo, kiun jam ne eblis haltigi.

La detaloj ne gravas. Gravas nur unu afero: *ili fuĝis.* Kaj la sola savo estis vojaĝo al aliaj steloj.

Sed la steloj estas malproksimaj. Nekredible malproksimaj.

La plej proksima stelaro al la Suno — **Alfa Centaŭro** — estas je **4,37 lumjaroj**. Eĉ se moviĝi je rapideco de **10%** de la lumrapido (kio jam estas fantastia teknologio), la vojaĝo daŭrus **43 jarojn**.

Kaj se la celo estas pli malproksima? **10 lumjaroj? 50? 100?**

Eĉ ĉe relativistaj rapidecoj, konsiderante la malrapidiĝon de tempo, la ekipaĵo maljuniĝos. Mortos. La ŝipo alvenos al la destino, pilotata de iliaj infanoj. Aŭ genepoj. Aŭ posteuloj tra dek generacioj.

Tio estas nomata *«ŝipo de generacioj»*. La koncepto estas konata en la sciencfikcia literaturo, sed diskutatas ankaŭ de seriozaj sciencistoj kiel la sola realisma maniero de interstelaj vojaĝoj — en la foresto de superlumaj motoroj aŭ *kriogena frostiĝo*.

Nun imagu vin sur tia ŝipo.

VI NASKIĜIS SUR PLANEDO. Sub la libera ĉielo. Vi memoras la venton — *veran* venton, ne la cirkuladon de aero tra ventolaj ŝaktoj. Vi memoras la pluvon. Oceanojn. La horizonton, etendiĝantan ĝis la senfino.

Kaj nun vi estas ĉi tie. En metala tubo, flugelante tra la vakuo.

La iluminatoroj montras stelojn — nemoviĝantajn lumopunktojn, ĉar je tiaj distancoj eĉ la grandega rapideco de la ŝipo ne kreas videblan movadon. De tago al tago, de jaro al jaro — la sama vidaĵo. Vi scias, ke vi flugas. La instrumentoj montras la rapidecon. Sed la okuloj ne kredas.

Vi rakontas al la infanoj pri la hejmo. Pri tio, kiel herbo odoras post pluvo. Kiel la suno varmigas la haŭton. Kiel la oceano brusegas, kiam la ondoj batas kontraŭ la bordo.

Ili aŭskultas, larĝe malferminte la okulojn. Malfacile estas por ili imagi. Ili naskiĝis ĉi tie, sur la ŝipo. La planedon vidis nur sur ekranoj, en registraĵoj.

— Ĉu ni revenos? — ili demandas.

Vi scias la respondon. Ne. Neniam. La denasa mondo estas aŭ mortinta aŭ tro malproksima. La vojo estas nur antaŭen.

— Ne, — vi diras. — Sed ni trovos novan hejmon. Kaj ĝi estos pli bela. Promesas.

Promeso, kiun vi ne povos plenumi. Ĉar vi ne travivos ĝis la fino de la vojaĝo.

Vi scias tion. La infanoj ne scias. *Ankoraŭ.*

VIAJ INFANOJ KRESKIS. Ili ne memoras la denasan mondon — ili estis tro junaj aŭ naskiĝis jam dum la flugo.

Por ili la ŝipo estas la tuta mondo. Koridoroj, loĝaj moduloj, *hidropónikaj* farmoj, kie oni kultivas la manĝaĵon. La centra placo kun artefarita arbo — la sola arbo sur bordo, alportita kiel simbolo. Ĝi kreskas sub lampoj de plena spektro, imitantaj la sunlumon.

Sed tio ne estas suno. La infanoj scias teorie, ke la suno estas grandega, varmega, ke sub ĝi eblas sunbruligi. Sed ili neniam tion sentis. Por ili tio estas *abstraktaĵo.*

Vi rakontas al ili historiojn. Pri la planedo, kiun vi memoras. Pri tio, kiel aspektas vera horizonto. Pri birdoj — estaĵoj, kiuj flugas en aero. Sur la ŝipo ne estas birdoj. Ne estas bestoj, krom kelkaj embrioj en la *kriokonservejo*, destinitaj por la estonta kolonio.

— Rakontu pri la oceano, — petas la filino.

Kaj vi rakontas. La centon da fojo jam. Pri la senfina akvo, sala laŭgusto. Pri ondoj, ŝancelataj ĉaron. Pri fiŝoj sub la surfaco.

— Ĉu vi mem vidis la oceanon?

Vi primeditas. Vidis? Konfuze vi memoras ekskurson al la bordo en la infaneco. Aŭ ĉu tio estas memoro pri fotoj? Aŭ rakontoj de la gepatroj?

Vi komencas kompreni: viaj memoroj paliĝas. Jardekoj en fermita spaco forviŝas la brilaron de la pasinteco. La ŝipo fariĝas la sola realeco.

— Jes, — vi respondas. — Mi vidis.

Mensogo aŭ vero? *Vi jam ne estas certa.*

LA INFANOJ KRESKIS. Fariĝis inĝenieroj, agronimistoj, kuracistoj. Ili subtenas la sistemojn de la ŝipo. Naskigas siajn proprajn infanojn.

Fojfoje ili demandas: kial ni flugas? Kial ni forlasis la hejmon?

Vi klarigas. Katastrofo. Neceso. La postvivo de la specio.

Sed vi vidas en iliaj okuloj: ili ne tute komprenas. Por ili la hejmo estas la ŝipo. La katastrofo, de kiu oni fuĝis, estas antikva historio — preskaŭ *mito.*

Ili kredas al vi. Sed tio estas *kredo*, ne *scio.*

VI MORTIS. VIAJ INFANOJ maljuniĝis kaj baldaŭ ankaŭ mortos.

La tria generacio — la genepoj de la unuaj rifuĝintoj — jam preskaŭ ne memoras la rakontojn el la unua buŝo. Ili aŭdis la historiojn de la gepatroj, kiuj aŭdis de vi. Duobla transdono. *Kiel ludo de distorditaj vortoj.*

La oceano fariĝas «la granda akvo». La ĉielo — «la blua spaco super la kapo». La detaloj paliĝas. La emocia koloro restas, sed la kunteksto perdiĝas.

Por la tria generacio la ŝipo estas la sola konata realeco. Ili scias teorie, ke ie ekzistas planedoj, ke la ŝipo flugas al unu el ili. Sed tio estas tiom abstrakta, ke ĝi ne kaŭzas emociojn.

Kelkaj komencas starigi malkomfortajn demandojn.

— Ĉu ni vere flugas? Eble ĉio estas trompo, kaj neniu planedo ekzistas?

— Kial ni devas kredi la rakontojn de maljunuloj? Eble ili simple freneziĝis?

— Kial ni devas flugi ien ajn? La ŝipo estas nia hejmo. Kial ŝanĝi ĝin?

Komenciĝas skismoj. Unuj kredas al la misio — atingi novan planedon, fondi kolonion, daŭrigi la homaron. Aliaj konsideras tion sencohava. La ŝipo estas memsufiĉa. La sistemoj funkcias. La manĝaĵo sufiĉas. Kial riski, alteriĝante sur nekonata planedo?

Formiĝas *frakcioj*. Konfliktoj. La unua serioza minaco al la unueco.

PASIS DU JARCENTOJ. Dek generacioj ŝanĝiĝis ekde la starigo.

Neniu sur la ŝipo memoras la denasan planedon. Eĉ malrekte. Tio nun estas *legendo*. Bela historio, rakontata al infanoj antaŭ la dormo.

«Longe antaŭe niaj prapatroj vivis en la Paradiza Ĝardeno. Tie estis eterna varmego, senfina akvo, kaj la Granda Lumigaĵo varmiĝis ilin. Sed ili pekis kaj estis forpelitaj en la Grandan Vakuon. Nun ni vagas, ĝis ni trovos novan hejmon».

Religio. Jam ne historio — *religio.*

Sciencistoj sur la ŝipo provas konservi registraĵojn. Arkivojn. Filmaĵojn de la denasa planedo. Sed por la plimulto tio estas simple bildoj. Komputera animacio ne diferencas de realeco, se vi neniam vidis la realecon mem.

Parto de la socio konsideras la registraĵojn *sakraj.* Alia parto konsideras ilin fabrikaĵoj — propagando, kreita por kontroli la loĝantaron.

— Kial la elito volas, ke ni kredu al la planedo? Por ke ni daŭre obeu! Por ke ni ne ribelu!

Konspiristoj. Herezuloj. Ili asertas, ke la ŝipo ĉiam estis la sola mondo, ke planedoj estas metaforo, ne realeco.

La ironio: ili pravas tiom same, kiom ili eraras. La ŝipo vere fariĝis la sola mondo por la nuntempaj generacioj. *Sed la planedo estis reala. Iam.*

LA LINGVO ŜANĜIĜAS.

Malnovaj vortoj perdas la sencon. Kial la vorto «pluvo», se neniu vidis pluvon? Ĝi konserviĝas en la tekstoj, sed jam signifas ion alian. «Pluvo» fariĝas sinonimo de «beno» aŭ «puriĝo». *Metaforo.*

«Oceano» — sinonimo de la senfino. «Ĉielo» — mistika koncepto, io supre kaj neatingebla. «Vento» — la spiro de dioj.

Teknikaj terminoj restas. La inĝenieroj scias, kiel funkcias la viv-subtena sistemo, kiel funkcias la motoroj. Sed la kultura memoro estas forviŝata.

La originala misio — atingi la stelon **HD 40307g** (aŭ iun alian — la detaloj jam ne gravas) — transformiĝas en abstraktan religion devon.

«Ni devas atingi la Promesitan Teron».

Kial? Ĉar tiel estas skribite en la *Antikvaj Tekstoj.* Ĉar tiel testamentis la *Prapatroj.* Ĉar... ĉar *tiel necesas.*

La racia klarigo estas forgesita. Restas *la kredo.*

PASIS 500 JAROJ. DUDEK generacioj.

La ŝipo fine atingas la destinan sistemon. La sensoroj detektas planedon en la loĝebla zono. Ĝi ne estas perfekta — la gravito estas pli alta ol sur la denasa planedo. La atmosfero estas iomete pli densa. La tagciklo estas pli mallonga. Sed ĝi estas vivotaŭga.

Por la inĝenieroj kaj sciencistoj sur bordo — tio estas triumfo. La misio estas plenumita. Estas tempo alteriĝi.

Por la religia parto de la loĝantaro — tio estas *timego.* Forlasi la ŝipon? La solan hejmon, kiu iam ekzistis? *Tio estas herezo!*

La skismo profundiĝas. Unuj preparas sin por la alteriĝo. Aliaj rifuzas.

Sed la ŝipo mortas. La viv-subtenaj sistemoj, kalkulitaj por **500 jaroj**, funkcias ĉe la limo. La reaktoroj degradas. La hidropónikaj farmoj funkcias maltrankvile. La genetika diverseco de la loĝantaro falas — en dudek generacioj en fermita medio akumuliĝis *recesivaj mutacioj.*

Elekto ne ekzistas. Alteriĝo aŭ morto.

La alteriĝaj moduloj disiĝas de la ŝipo. Unu post alia. Kelkaj miloj da homoj malsupreniĝas sur la surfacon de fremda mondo.

MULTAJ MORTAS EN LA unuaj semajnoj. La nova gravito rompas ostojn, alkutimiĝintajn al la artefarita pezo de la ŝipo — kiu estis agordita al **0,8g**. Ĉi tie — preskaŭ **1,2g**. La korpoj ne eltenas.

Nekonataj mikroorganismoj atakas la imuna sistemon. Nenia rezisto, nenia adaptado. Febroj. Epidemioj.

La suno — **G-klasa stelo**, pli brila kaj pli varma ol tiu, ĉirkaŭ kiu rotaciis la denasa planedo — bruligas la haŭton. Homoj, alkutimiĝintaj al artefarita lumigo aŭ al la milda lumo de la oranĝa nano, ne estas pretaj por tia intenseco de ultravioleta radiado.

Manĝaĵo. Lokaj plantoj estas nesmanĝeblaj — la biokemio estas iomete malsama. La embrioj de bestoj el la *kriokonservejo* ne ĉiuj postvivas ĉe la malgelado. Necesas dependi de la provizoj de la ŝipo kaj de la hidropóniko, sed la rimedoj ne sufiĉas por ĉiuj.

Malsato. Malsanoj. Morto.

La unua generacio de koloniistoj reduktiĝas je la duono dum la unua jaro.

LA ŜIPO SUR LA ORBITO daŭras funkcii. Ĝi funkcias kiel bazo, fonto de rimedoj, ligilo.

Sed ĝi malrapide mortas. Kaj neniu povas ĝin ripari.

La problemo estas en la scioj. La ŝipo estis konstruita de civilizacio, posedanta teknologiojn, kiuj postulas industrian bazon, sciencajn instituciojn, milojn da specialistoj. Sur bordo estis inĝenieroj, kiuj subtenis la sistemojn — sed ili sciis *kiel ripari*, ne ĉiam komprenante *kial ĝi funkcias.*

La dokumentaro ekzistas. Sed ĝi estas skribita en teknika lingvo, kiu dum la tempo fariĝis nekomprenebla. La terminoj perdis la signifon. La kunteksto estas perdita.

La provoj instrui novajn generaciojn de inĝenieroj malsukcesas. Infanoj, kreskintaj sur la planedo, en koto kaj batalo por postvivo, ne havas fundamentan edukadon. Neniaj lernejoj. Neniaj universitatoj. Estas nur ĉiutaga batalo por ekzistado.

La malnovaj inĝenieroj mortas, portante la sciojn kun si. La junaj scias nur bazajn operaciojn: kiel startigi la generatoron, kiel malfermi la ŝluson. Sed kiam io rompiĝas ĉe profunda nivelo — *ili estas senpovaj.*

La ŝipo transformiĝas en *nigran skatolon.* Maŝino, kiu funkcias dum ĝi funkcias, kaj neniu scias, kiel ĝin ripari, kiam ĝi ĉesos.

Post kelkaj generacioj la ŝipo sur la orbito fariĝas mortinta skelo. Oni periodate vizitas ĝin, por preni la lastajn rimedojn, sed neniu jam komprenas, kiel ĝi estis kreita.

Ĝi fariĝas *artefakto.* Monumento al la prapatroj. *Sankta loko.*

«La Granda Arko, sur kiu la Prapatroj kruciris la Vakuon».
La teknologio transformiĝis en mitologion.

SUR LA SURFACO LA AFEROJ iras ankoraŭ pli malbone.

La koloniistoj provis konservi la teknologiojn. Sunaj paneloj. Elektrogeneratoroj. Iloj. Sed sen piecoj, sen produktada ebleco, ĉio tio iom post iom disfaliĝas.

La suna panelo fendas de la frapo de meteorito. Neeble ripari ĝin — ne ekzistas fabriko, produktanta fotoelektrajn elementojn. La generatoro rompiĝas. Neniu povas krei novan turbilon.

Necesas reveni al la bazoj.

Fajro. Ŝtono. Ligno.

La ironio estas monstrega: homoj, flugalveturintaj tra interstela spaco sur ŝipo kreita de altevoluta civilizacio, nun sidas ĉe fajrujoj kaj poluras ŝtonajn hakilojn.

Ĉar ŝtonan hakilon oni povas fari el tio, kio estas ĉemane. Laseran tranĉilon — *ne.*

LA SCIOJ FARIĜAS SENUTILAJ.

Iu ankoraŭ memoras la kvantuman meĥanikon. Sed kiel apliki ĝin, kiam necesas ĉasi lokan analogaĵon de cervo, por ne morti de malsato?

Iu memoras la stelaran navigadon. Sed kial ĝi estas necesa, se la sola vojaĝo estas en la proksiman valon po akvo?

Iom post iom, generacio post generacio, la kompleksaj scioj estas forgesataj. Restas nur praktikaj kapabloj. Kiel ekbruligi fajron per frotado. Kiel trovi manĝeblajn plantojn. Kiel defendi sin kontraŭ lokaj predantoj.

La scienco transformiĝas en superstiĉon.

«Ne iru en la nordan arbaron — tie loĝas spiritoj». *(En vero tie estas pliigita radiada nivelo de fraksiĝinta ŝutlo kun reaktoro — sed neniu jam memoras, kio estas radiado.)*

«Portu amuleron el metalo — ĝi protektos kontraŭ malbonaj fortoj». *(Metala peceto de la ŝipo, kiun homoj konsideras magia — kvankam ĝi estas simple titana alojo.)*

«La Grandaj Prapatroj malsupreniris el la ĉielo sur *fajraj ĉaroj*». *(Memoro pri alteriĝaj moduloj — sed jam ne teknika kompreno, nur religia mito.)*

PASIS MIL JAROJ. KVINDEK generacioj sur la planedo.

La homaro postvivas. Adaptiĝis. La populacio malrapide kreskas. Aperis triboj, vagebondantaj laŭ valoj kaj arbaroj. Aperis primitiva agrikulturo — lokaj plantoj estis hejmigitaj per la metodo de provo kaj eraro.

Sed ili ne memoras.

Ne memoras la stelojn, de kie ili venis. Ne memoras la ŝipon. Ne memoras la teknologiojn.

Sur la orbito pendas la mortinta arko, malrapide disfaliĝanta. Fojfoje ĝiaj rubaĵoj falas sur la planedon — *metalaj meteoraj pluvoj.* Lokaj triboj trovas ĉi tiujn pecojn, ne komprenante ilian devenon. Por ili tio estas *donacoj de dioj.*

En kavernoj, kie la unuaj koloniistoj rifuĝis, restis desegnaĵoj. Bildoj de la ŝipo. Provoj konservi la memoron. Sed por triboj jarmilo poste tio estas simple antikvaj simboloj. Belaj, sed sencohavaj.

La lingvo ŝanĝiĝis ĝis nerekoneblo. De la originala lingvo restis nur apartaj vortoj, enkonstruitaj en novajn dialektojn, miksitajn kun sonimitaĵoj kaj pruntaĵoj.

La homaro fariĝis *loka specio.* Unu el multaj sur la planedo. Ne speciale elstara. Simpla ankoraŭ unu primato, batalante por postvivo.

SED EKZISTAS STRANGAĴOJ.

Ĉi tiuj primatoj rigardas al la ĉielo *alimaniere* ol la lokaj bestoj. Ili pentras stelojn sur la kavernaj muroj. Ili konstruas ŝtonajn cirklojn, orientitajn al konstelacioj.

Kial?

Ili ne scias. Tio estas simple... *grava.* Io interne diras: la ĉielo havas signifon.

Iliaj korpoj suferas. Dorsoj doloras. Akuŝoj estas turmentaj. La haŭto ekbrulas sub la suno. Sed ili postvivas, ĉar ili lernis elturniĝi.

Ili forgesis, de kie ili venis. Sed ie profunde, en la genetika memoro, en la kulturaj ŝablonoj transdonitaj tra jarmiloJ — konserviĝis eĥo.

Eĥo de hejmo, kiu estis ie tie, supre, inter la steloj.

NUN NI REVENU AL LA Tero. Al ni.

Kio se ĉi tiu historio ne estas fantazio? Kio se ĝi priskribas *nian* pasinteco?

Kio se la Tero ne estas la planedo, kie ni evoluis — sed la planedo, kien ni *alvenis* post interstela vojaĝo daŭrinta jarcentojn?

Kio se niaj prapatroj flugelis sur ŝipo de generacioj, forgesis sian devenon, alteriĝis ĉi tie, perdis la teknologiojn kaj degradis ĝis la ŝtona epoko?

Tio klarigas:

La fizikan misadaptadon. Niaj korpoj estas kreitaj por alia gravito, alia suno, alia klimato. Ni suferas sur la Tero, ĉar ĝi ne estas nia denasa mondo.

La obsed pri la steloj. Genetika memoro pri tio, ke ni venis de tie. Sopiro al hejmo, kiun oni forgesis — sed ne povas ĉesi serĉi.

La mitojn pri dioj el la ĉielo. Distorditaj memoroj pri teknologioj, kiuj ŝajnis magio jam post kelkaj generacioj post la perdo de la kompreno.

La foreston de instinkta memoro. Nia specio perdis la ligon kun la origina vivmedio. Ni naskiĝas helpemaj, ĉar instinktoj, agordita al alia mondo, ĉi tie ne funkcias.

La superfluan racion. Ni estis civilizacio, kapabla al interstelaj vojaĝoj. Tiu nivelo de intelekto restis — eĉ kiam la kunteksto de ĝia apliko malaperis.

TIO NE ESTAS PRUVO. Tio estas *hipotezo.* Scenaro, kiu kongruas kun la faktoj pli bone, ol ni volas konfesi.

Kompreneble, ekzistas alternativa klarigo: ni evoluis ĉi tie, kaj ĉiuj strangaĵoj estas simple evoluaj kompromisoj kaj hazardecoj.

Sed kompromisoj kutime ne kondukas al sistemaj problemoj ĉe **80%** de la populacio. Hazardecoj kutime ne formas universalajn kulturajn ŝablonojn sur ĉiuj kontinentoj.

Kaj se tio ne estas hazardecoj?

Kaj se niaj doloroj, niaj strangaĵoj, nia sopiro al la steloj — tio ne estas eraroj de la naturo, sed *memoro*?

Memoro pri ŝipo, flugelante tra la mallumo. Memoro pri mondo, kiu estis pli facila, pli milda, pli sekura. Memoro pri hejmo, kiun ni perdis tiom longe antaŭe, ke ni forgesis eĉ ĝian nomon.

Sed la korpo memoras. La kulturo memoras. Ie profunde.

Kaj eble ĝuste pro tio ni tiom malespere strebas reveni al la steloj.

Ne por esplori la nekonatan. Sed por reveni hejmen.

Ĉapitro 7:
Postvivo per forgeso

En la antaŭaj ĉapitroj ni ekzamenis pruvojn, ke la homaro eble ne estas denasa specio de la Tero. En ĉi tiu ĉapitro mi prezentos pli malhelan, sed eble pli realisman scenaron. Ĉi tiu ĉapitro estas historio pri tio, kiel scioj fariĝas senutilaj, kiam infanoj mortas. Pri tio, kiel kvantuma fiziko ne helpos, se necesas ekbruligi fajron per frotado. Pri tio, kiel stelara navigado perdas sencon, kiam la sola vojaĝo estas al la plej proksima fonto de akvo. Historio pri tio, kiel altevoluta civilizacio, kapabla al interstelaj vojaĝoj, en kelkaj generacioj regresas reen al la ŝtona epoko.

IMAGU LA UNUAN VINTRON post la alteriĝo.

La koloniistoj, alvenintaj de la ŝipo de generacioj, staras sur la surfaco de planedo, kiun ili nomas **Nova Tero** — kvankam ĝi tute ne similas al la priskriboj el la antikvaj arkivoj. La ĉielo ĉi tie havas malsaman blandon de bluo. La suno brilas pli intense, brulas pli forte. La gravito estas peza, kaj ĉiu paŝo postulas penadon.

Ili konstruis la unuajn ŝirmejojn el rubaĵoj de alteriĝaj moduloj. Deplojis *hidropónikajn* farmojn, alportitajn de la ŝipo. Startis minireaktorojn por energio. La unuaj monatoj ŝajnis esperigaj.

Kaj poste venis vintro.

Sur la ŝipo ne estis vintroj. Estis konstanta temperaturo de **21°C**, subtenata de *klimatregaj* sistemoj. Sezonaj ŝanĝoj ekzistis nur en lernolibroj kaj historiaj registraĵoj.

Kiam la temperaturo falis al nulo, kaj poste sub, la koloniistoj montriĝis nepretaj.

La semitaĵoj en la malferma grundo pereis dum unu semajno. La *hidropónikaj* sistemoj konsumis tro multan energion por varmigo — la reaktoroj ne eltenis la ŝarĝon. Necesis elekti: varmi loĝejojn aŭ konservi manĝaĵon. Oni elektis loĝejojn.

La duono de la provizoj pereis. Homoj komencis malsati.

La inĝenieroj provis solvi la problemon. Necesis plialtigadi la potencon de la reaktoroj aŭ konstrui kromajn generatorojn. Sed por tio bezonatis piecojn, kiujn oni ne havis. Bezonatis produktadon, kiun ne eblas startigi dum kelkaj monatoj.

Unu el la plej spertaj inĝenieroj faris analizon. Lia raporto estis senindulga:

«Ni alportis teknologiojn, kalkulitajn por industria subteno. Ĉiu peceto en niaj sistemoj postulas kompleksan produkadon. Ni povas subteni tion, kio ekzistas, sed ni ne povas krei ion novan. Kiam io difinitime rompiĝos, ni ne povos ĝin anstataŭi».

Li proponis planon: tuj komenci *deindustriiĝon*. Transiri al primitivaj teknologioj, kiujn oni povas reprodukti el lokaj rimedoj. Ŝtono, ligno, baza metalurgio. Forlasi kompleksajn sistemojn, dum estas ankoraŭ eble.

Oni ridis lin.

— Ni flugalveturis tra interstela spaco, por farîĝi kavern-loĝantoj?

— Tio estas kapitulaco antaŭ la naturo!

— Nia devo estas konservi la civilizacion, ne drsofali en barbarismon!

La inĝeniero ne disputis. Li simple diris:

— Vi povas rifuzi la primitivajn teknologiojn. Sed ili ne rifuzos vin. Kiam la reaktoroj cedos, kiam la lasta ilo rompiĝos, vi ĝemados pro ŝtona trancilo. Ĉar vi ne havos alion.

Post tri jaroj liaj vortoj fariĝis profetaĵo.

TEKNOLOGIO POSTULAS ekosistemon

Por krei komputilon, bezonas mikroĉipoj. Por krei mikroĉipojn, bezonas *duonkondukturajn* fabrikojn. Por konstrui fabrikon, bezonas ŝtalon, betonon, precizan ekipaĵon. Por produkti tiun ekipaĵon, bezonas aliajn fabrikojn. Kaj tiel plu — senfina ĉeno de dependecoj.

La tera civilizacio konstruis ĉi tiun ĉenon dum jarmiloJ. De bronzo al fero, de fero al ŝtalo, de vapaj maŝinoj al elektro, de elektro al komputiloj. Ĉiu paŝo apogis sin sur la antaŭan.

La koloniistoj alportis la pinton de ĉi tiu piramido — progresintajn teknologiojn. Sed ne alportis la fundamenton.

Kiam la unua *3D-presilo* rompiĝis — aparato, kiu povis presi piecojn el metalika pulvoro — oni provis ĝin ripari. Sed por tio bezonatis mikrokomponentojn, kiujn la presilo mem devus produkti. *Fermita rondo.*

Kiam la lasta *kvantuma komputilo*, administranta la *viv-subtenajn* sistemojn, komencis malregulaĵi, neniu povis ĝin ripari. La specialisto pri kvantuma komputado mortis du jarojn antaŭe. La dokumentaro ekzistis, sed ĝi supozis la ekziston de diagnoza ekipaĵo, kiu disrompiĝis kune kun unu ŝutlo ĉe la alteriĝo.

Unu post alia la kompleksaj sistemoj malsukcesis. Kaj ĉiu malsukceso igis la restantajn sistemojn pli vundeblaj.

APARTE TRAGIKA ESTIS la sorto de la medicina ekipaĵo.

MRT-skanilo, kirurgia roboto, medikamenta sintezilo — ĉio tio postulas elektran energion, kalibradojn, konsumaĵojn. La unuan tempon la kuracistoj sukcesis. Sed la konsumaĵoj elĉerpiĝis. La rezervaj piecoj rompiĝis. La energio komencis manki.

Post dek jaroj ekde la alteriĝo la kolonio havis medicinon de la nivelo de la **XIX-a jarcento**. Post dudek — de la nivelo de la mezepoko. La *antibiotikoj* elĉerpiĝis. La *analgeziloj* ankaŭ. Operaciojn oni faris sen anestezio, ĉe la lumo de torĉoj.

Infana mortokvoto leviĝis al **30%**. La meza vivodaŭro falis al **40 jaroj**.

Kuracistoj provis konservi la sciojn. Skribis procedojn, diagnozojn, metodikojn. Sed kia utileco estas scioj, se mankis instrumentoj por ilia apliko?

Unu el la kirurgoj skribis en sia taglibro:

«Mi scias, kiel kuraci kanceron. Mi studis onkologion dum dek kvin jaroj sur la ŝipo. Sed ĉi tie mi ne havas tomografon por vidi la tumoron, ne havas kemoterapion por mortigi ĝin, ne havas laseron por ĝin eltranĉi. Ĉio, kion mi povas — mildfari la doloron per herbaĵaj infuzaĵoj kaj teni la manon, dum la paciento mortas. Miaj scioj estas senutilaj. Pli ol senutilaj — ili turmentas

min, ĉar mi scias, ke mi povus savi ĉi tiujn homojn. Se mi havus instrumentojn».

Post dudek jaroj ŝia filino, ankaŭ kuracistino, jam ne sciis, kiel kuraci kanceron. Ŝi sciis nur herbaĵojn, kiujn instruis ŝin la patrino. Onkologio transformiĝis en abstraktan teorion, kiun neniu povis apliki.

Post ankoraŭ unu generacio eĉ la teorio estis forgesita.

LA ELEKTO

La estroj de la kolonio kunvokis konsilion. La demando estis simpla kaj terura:

Kio estas pli grava — konservi la sciojn aŭ konservi la homojn?

La energio ne sufiĉis. Necesis elekti prioritatojn.

Unu frakcio insistis: ĉiujn fortojn — por subteni la servilojn kun arkivoj. Milionoj da *terabajtoj* da informo — tuta scienco, tuta kulturo, tuta historio de la homaro. Se ni perdas tion, ni perdas nin mem.

Alia frakcio kontraŭdiris: kia senco estas en arkivoj, se homoj mortas de malsato? La energion necesas direkti por kultivaĵoj, por varmigo de loĝejoj, por postvivo.

La decidon oni akceptis per voĉdono. La plimulto elektis *postvivon.*

La servilojn malŝaltis. La arkivojn kopiis sur portebla datumportiloj — kelkaj protektitaj datumstockej, fermitaj en metalajn ujojn. Ilin enterigis en speciala deponejo, esperante, ke iam posteuloj povos ilin legi.

Sed por legi bezonas komputilojn. Kiujn jam ne ekzistis.

INFANOJ, NASKIĜINTAJ sur la planedo, kreskis en mondo, kie libroj estis lukso.

Papero ne ekzistis. Sur la ŝipo ĉio estis cifereca. Kelkajn paperajn librojn oni alportis kiel rarindaĵojn, sed ili ne sufiĉis. Provoj organizi la paperproduktadon malsukcesis — mankis infrastrukturo.

Instruistoj provis transdonadi sciojn buŝe. Sed kiom da io eblas memorigi?

Matematiko simpliĝis ĝis baza aritmetiko. Fiziko reduktis al simplaj meĥanikaj principoj. Kemio — al tio, kion oni povas observi per nearmita okulo: fajro ŝanĝas substancojn, kelkaj likvaĵoj dissolvas metalojn.

Kvantuma meĥaniko, teoria relativeco, molekula biologio — ĉio tio fariĝis abstraktaĵoj, kiujn ne eblis nek pruvi nek apliki en kondiĉoj de postvivo.

Unu el la instruistoj provis klarigi al infanoj la koncepton de atomo.

— Ĉio ĉirkaŭas nin konsistas el etaj partikuloj, kiujn ne eblas vidi. Ili estas nomataj *atomoj*.

La infanoj rigardis lin skeptike.

— Se ilin ne eblas vidi, de kie vi scias, ke ili ekzistas?

— Ĉar ni mezuris ilin. Per aparatoj.

— Kiaj aparatoj?

— Kiuj ne plu ekzistas.

— Tiam de kie ni scias, ke vi ne mensogas?

La instruisto ne sciis, kion respondi. Sen empíria pruvo liaj vortoj estis nediferencebla de rakontaĵo.

Post dek jaroj ekde lia morto neniu plu menciis atomojn. La koncepto malaperis. Tro abstrakta, tro senutila por vivo, kie la ĉefa tasko estas havigi manĝaĵon kaj ne morti de malvarmo.

SED LA HOMA RACIO NE toleras vakuon. Se la scienco malaperis — ĝian lokon okupas io alia.

Mitoj komencis formiĝi spontane.

Maljunuloj rakontis pri la ŝipo. Pri la **Granda Arko**, kiu portis la **Prapatrojn** tra la **Abismo**. Por infanoj tio estis nekredebla fabelo. Metala hejmo grandeco de urbo, flugelante inter steloj? Fantastia.

Sed la fabelo estis bela. Kaj ĝi klarigis strangajn aferojn.

Kial en la tero oni foje trovas pecojn da metalo, kiu ne rustas? Ĉar tio estas rubaĵoj de la Arko, falintaj el la ĉielo.

Kial sur la rokoj estas desegnaĵoj, bildantaj grandegajn konstruaĵojn? Ĉar la **Unuaj Koloniistoj** provis konservi la memoron pri la Arko.

Kial la maljunuloj diras, ke ni venis el la ĉielo? Ĉar tiel estis — la **Prapatroj** malsupreniris sur *fajraj ĉaroj.*

La detaloj distordiĝis. Post kelkaj generacioj neniu plu memoras, ke la ŝipo estis maŝino. Ĝi fariĝis mistika objekto. *Dia ĉaro.*

La Prapatroj transformiĝis en duondiojn. Estaĵojn, posedantajn nekredeblan forton kaj saĝon. Ili povis alvoki lumon per unu tuŝo *(memoro pri elektraj ŝaltiloj)*. Ili povis paroli kun homoj en la alia fino de la mondo *(memoro pri radiokomunikado)*. Ili povis resanigi mortigajn vundojn *(memoro pri medikamentaj teknologioj)*.

Sed poste la Prapatroj *pekis.* Ili fariĝis tro fieraj. Kaj la **Superaj Fortoj** punis ilin, forprenante ilian magion. Nun la posteuloj devas expii la pekon de orgojlo, vivante en simpleco kaj humileco.

Tiel la scienco transformiĝis en religion. Teknologiaj atingoj fariĝis mirakloj de dioj. La historio fariĝis sakra mito.

LA LINGVO ŜANĜIĜIS plej rapide

Vortoj, priskribantaj teknologiojn, fariĝis superfluaj. Kial la vorto «komputilo», se neniu vidis komputilon kaj ne povas imagi, kio ĝi estas?

Kelkaj terminoj konserviĝis, sed ŝanĝis la signifon.

«Ekrano» transformiĝis en «spegulo». «Generatoro» — en «*koro de fajro*». «Anteno» — en «*aŭskultanto de la ĉielo*».

Novaj generacioj uzis ĉi tiujn vortojn, ne komprenante ilian originan sencon. «Aŭskultanto de la ĉielo» komencis indiki ajnan altan objekton, montrante supren — arbon, turon el ŝtonoj, ŝtangonn kun flago.

Abstraktaj konceptoj ankaŭ difuziĝis.

«*Gravito*» estis forgesita. Homoj sciis, ke aferoj falas malsupren, sed ne havis vorton por ĉi tiu fenomeno. Ili diris: «*La tero tiras*».

«*Atmosfero*» fariĝis «aero». Sed ne aero kiel miksaĵo de gasoj — simple tio, per kio oni spiras. La koncepto de gaso malaperis.

«*Orbito*» estis forgesita tute. Kiam iu rigardis la lunon en la ĉielo, li ne sciis, ke ĝi rotacias ĉirkaŭ la planedo. Ĝi simple estis tie. *Nokta lumigilo, metita tie de la dioj.*

Aparte tragia estis la perdo de skribado.

Origine la koloniistoj skribis per la standarda tera alfabeto. Sed sen papero, sen komputiloj, skribi fariĝis malfacile. Ĉizi literojn sur ŝtono? Tro malrapida. Grati sur arba ŝelo? La teksto rapide foriĝas.

Kelkaj entuziastoj provis konservi literatecon. Instruis infanojn legi kaj skribi, uzante karbonon sur plataj ŝtonoj. Sed la plimulto de gepatroj ne vidis la sencon.

— Kial mia filo bezonas legi? Libroj ne ekzistas. Li bezonas lerni ĉasi, konstrui ŝirmejojn, postvivi.

Post tri generacioj legoscio fariĝis rarindaĵo. Post kvin — preskaŭ malaperis.

Restis nur la buŝa tradicio. Historioj, transdonataj de maljunuloj al infanoj ĉe la fajrujo. Kantoj. Legendoj.

Sed la buŝa tradicio estas nepreciza. Ĉiu transdono distordas la detalojn. Aldonas dramatizmon. Forigas enuigajn partojn.

Historio transformiĝas en eposon. Eposo — en miton. Mito — en fabelon.

Kaj neniu plu memoras, ke iam tio estis realeco.

PASIS DUCENT JAROJ post la alteriĝo. Dek generacioj.

La kolonio transformiĝis en dekoj da disiĝintaj triboj, disaj tra la kontinento. Ili parolis dialektojn, apenaŭ kompreneblajn unu al la alia. Militis pro teritorio. Ĉasis, kolektis, komencis kaŭte eksperimenti kun agrikulturo.

Teknologioj? Forgesitaj. Feron oni ĉerpis el meteoritoj kaj rubaĵoj de la ŝipo, falantaj el la ĉielo. Ĝin oni forĝis per la metodo de provo kaj eraro, kreante simplajn tranĉilojn kaj lancpintojn.

La plimulto de iloj — ŝtonaj. Hakiloj, grataloj, nadloj el osto.

Laŭ ĉiuj eksteraj signoj ĝi estis ŝtona epoko. Primitivaj homoj en primitiva mondo.

Sed ekzistis strangaĵoj.

UNUE, LA ARTO.

La triboj pentris sur kavernaj muroj. Tio estas normala — multaj primitivaj kulturoj faris rokpentraĵojn.

Sed iliaj desegnaĵoj estis strangaj.

Jes, tie estis bildoj de bestoj, sur kiuj oni ĉasis. Sed ankaŭ — geometriaj formoj. Cirkloj ene de cirkloj. Spiraloj. Rektaj linioj, perfekte paralelaj.

Kaj ankoraŭ — bildoj, kiuj aspektis kiel... *diagramoj.*

Unu arkeologisto de la estonteco, studante ĉi tiujn desegnaĵojn post mil jaroj, trovus strangan bildon: cirklo kun kelkaj pli malgrandaj cirkloj ene, de la centra cirklo radias linioj al la perifero.

Sunsistemo?

Ne. La triboj ne sciis, kio estas sunsistemo. Sed iu, iam, memoras. Kaj provis transdonadi scion per la sola havebla rimedo — desegnaĵo sur ŝtono.

Post kelkaj generacioj la signifo de la desegnaĵo estis forgesita. Ĝi fariĝis sakra simbolo. «*La Rado de la Prapatroj*». Homoj adoris ĝin, ne komprenante, kion ĝi signifas.

DUE, LA RITUALOJ.

Ĉiu tribo havis strangan kutimon. Unufoje en jaro, en determinita nokto, ili kolektiĝis sur la pinto de monteto kaj rigardis al la steloj.

La senioro de la tribo rakontis historion. Historion pri tio, kiel la **Prapatroj** venis el la ĉielo. Kiel ili estis grandaj kaj saĝaj. Kiel ili perdis sian forton, sed iam ĝi revenos.

Poste ĉiuj silente rigardis al la steloj. La infanoj demandis:

— Kial ni faras tion?

— Ĉar tiel faris niaj patroj. Kaj iliaj patroj. Kaj iliaj patroj. Nia devo estas memori la ĉielon.

— Sed kial?

La senioro ne sciis. Li simple *sentis*: tio estas grava. Io interne — *genetika memoro, kultura inercio* — insistis: ne forgesu la stelojn. Eĉ se vi ne memoras kial.

TRIE, STRANGAJ MALPERMESOJ.

En unu el la triboj ekzistis leĝo: neniam ĉasi blankajn birdojn.

Kial?

Neniu memoras. Tio estis antikva leĝo, transdonita de la **Unuaj**.

En vero, mil jarojn antaŭe, unu el la sciencistoj de la kolonio malkovris, ke la loka specio de blankaj birdoj manĝas planton enhavanta toksinon. La birdoj akumulis la toksinon en la karno. Kelkaj homoj mortis, manĝinte ilin. Malpermeso estis eldonita.

Dum la tempo la kialo estis forgesita. Restis nur la malpermeso, vestita en religion formon: «*La blanka birdo estas sendito de spiritoj. Kiu ĝin mortigos — estos malbenita*».

Tio funkciis. Homoj ne manĝis blankajn birdojn kaj ne mortis de toksino. Sed neniu plu sciis, ke ĝi estas racia regulo, ne superstiĉo.

Tiaj malpermesoj estis multaj. Pecetoj de postvivaj scioj, ĉifritaj en *tabuoj* kaj ritualoj.

ĈE LA RANDO DE UNU el la setlejoj loĝis maljunulo.

Li havis longe post la sepdekan aĝon — nekredebla aĝo por mondo, kie la meza vivodaŭro apenaŭ atingis kvardek. Homoj konsideris lin sorĉisto aŭ sanktulo.

Li diris strangajn aferojn.

Li rakontis pri *metalaj birdoj*, kiuj flugis pli rapide ol vento. Pri *ĉambroj*, en kiuj oni povis paroli kun homo en la alia fino de la mondo. Pri *lumigantoj*, kiu ekflamis sen fajro.

Infanoj ridis. La maljunulo freneziĝis pro oldeco.

Sed fojfoje, kiam li parolis, io en liaj vortoj sonis vere. Tro detale, por esti inventaĵo. Tro strange, por esti ordinara mito.

— De kie vi scias tion? — oni demandis lin.

— De mia avo. Kiu aŭdis de sia avo. Kiu estis unu el la **Unuaj**.

Ĉeno de memoro. Fragila, distordita, sed ankoraŭ ekzistanta.

La maljunulo mortis. Kun li foriris la lasta rekta ligo kun la Unuaj Koloniistoj.

Post kelkaj generacioj eĉ la distordita memoro malaperis.

PASIS KVINCENT JAROJ. Dudek kvin generacioj.

La homaro sur ĉi tiu planedo postvivas. La populacio stabiliĝis. Aperis permanentaj setlejoj. Agrikulturo fariĝis la ĉefa manĝfonto. Oni hejmigis lokajn bestojn — similaĵojn de kaproj kaj porkoj.

Ekaperis la unuaj *protokurboj*. Kelkaj centoj da homoj, vivante kune, komerĉante, specialiĝante. Ĉeramistoj, forĝistoj, teksistoj.

La civilizacio komencis restaŭriĝi. Malrapide. De nulo. Ripetemtante vojon, kiun la homaro jam trapaŝis unu fojon, sur alia planedo, en alia stelaro.

Sed ili ne memoras.

Ne memoras la ŝipon. Ne memoras la **Grandan Katastrofon**, de kiu oni fuĝis. Ne memoras la denasan planedon, kies nomo estis perdita post dek generacioj ekde la starigo.

Por ili la historio komenciĝas ĉi tie. Sur ĉi tiu planedo. Ili konsideras sin infanoj de ĉi tiu mondo.

Sed ekzistis eĥo.

EĤO EN LA LINGVO. STRANGAJ vortoj, kies signifon oni forgesis, sed kies sonado konserviĝis. «*Navir*» — distordita «naviganto». Uzata por indiki homon, kiu bone orientiĝas en arbaro. Neniu sciis, ke origine tio estis teramo por kosma ŝtipendano.

Eĥo en la mitoj. Historio pri la **Granda Inundo**, kiam «la ĉielo malfermiĝis kaj fajro verŝis sur la teron». En vero —

memoro pri falo de rubaĵoj de la orbita stacio, kiam ĝi finfine disintegriĝis. Sed la detaloj estas distorditaj ĝis nerekoneblo.

Eĥo en la arkitekturo. Unu el la triboj konstruis domojn kun *kupol-formaj* tegmentoj. Kial ĝuste tia formo? Neniu sciis. Simple «tiel estas ĝuste». En vero — subcisvalema memoro pri loĝaj moduloj de la ŝipo, kiuj havis cilindran formon.

Eĥo en la genoj. Predispozicio al certaj malsanoj. Strangaj reagoj al la loka vegetaro kaj faŭno. Korpoj, kiuj ankoraŭ ne plene adaptiĝis al la planedo.

Sed la plej forta eĥo — en la koroj.

Homoj rigardis al la steloj kaj sentis strangan sopiron. Ne komprenis kial. Simple... *tiris.*

Kelkaj fariĝis astronomoj — primitivaj, sen instrumentoj, sed observemaj. Ili spuris la movantadon de planedoj, antaŭdiris eklipsojn, kompilis stelartajn mapojn.

Kial?

— Ĉar tio estas grava, — ili diris. — Mi ne scias kial. Sed *grava.*

Genetika memoro. Kultura inercio. Eĥo de pasinteco, kiu ne volas silentiĝi.

NUN LA FINA DEMANDO.

Kio se ni estas ĉi tiuj homoj?

Kio se nia historio sur la Tero komenciĝis ne per evoluo de primatoj, sed per katastrofa alteriĝo kaj degradado de stelara civilizacio ĝis la ŝtona epoko?

Kio se ĉio, kion ni konsideras «la natura disvolviĝo de la homaro», estas fakte *restaŭrado?* Malrapida, turmentega reinvento de tio, kion ni iam sciis?

Tio klarigus la strangan rapidecon de nia teknologia progreso.

De la unuaj ŝtonaj iloj ĝis la alteriĝo sur la Luno. Tio sonigas longa. Sed **99,9%** de ĉi tiu tempo estas *stagno.* Preskaŭ nenia progreso.

Kaj poste, subite, dum la lastaj **10 000 jaroj** — *eksploda kresko.* Agrikulturo, skribo, urboj, imperioj, scienco, teknologioj.

Kial tiom rapide?

La norma klarigo: ni akumulis sciojn iom post iom, kaj en determinita momento okazis kvalita salto.

Sed ekzistas alia klarigo.

Kio se tio ne estas invento el nulo, sed rememoro?

Kio se ie profunde en nia kultura memoro, en arketipoj, en mitoj, konserviĝis pecoj de scioj? Kaj kiam ni disvolviĝis sufiĉe, por ilin rekompreni, la progreso iris nekredible rapide — ĉar ni ne kreis novan, sed *restaŭris la forgesitan?*

POSTVIVO POSTULAS OFEROJN

Ni oferis scion pro vivo. Forgesis, kiuj ni estas, por resti vivaj.

Tio ne estas malkuraĝo. Tio estas pragmatismo.

Kiam viaj infanoj malsatas, filozofio ne savos ilin. Kiam vintro mortigos, kvantuma fiziko ne varmigos. Kiam predanto atakas, teoria relativeco ne protektos.

Bezonas praktikaj kapabloj.

Fajro. Ĉasado. Ŝirmejo.

Kaj pro ĉi tiuj kapabloj necesis forlasi ĉion alian.

Ni postvivas. Je la kosto de fariĝi aliaj.

Sed ni ne perdis ĉion.

Ie interne, en la ostoj, en la sango, en la genoj, en la mitoj, en la revoj — konserviĝis memoro.

Memoro pri tio, kiuj ni estis. Pri steloj, kiuj iam estis hejmo. Pri ŝipo, kiu portis nin tra la abismo. Pri mondo, kiun ni perdis.

Kaj eble ĝuste ĉi tiu memoro estas la kaŭzo, pro kiu ni ne povas halti.

Kial ni denove konstruas ŝipojn, denove strebas al la steloj, denove provas transcendi la limon de la planedo.

Ne ĉar ni volas esplori.

Por reveni.

Hejmen.

Epilogo: Vorto de la aŭtoro

Fermu la libron por momento. Metu la manon sur la kovrilo. Sentu ĝian pezon. Tio ne estas sakra teksto. Ne estas scienca disertacio. Ne estas manifesto de nova religio.

Tio estas nur libro. Kolekto de ideoj. Kolekto de demandoj, envolvataj en hipotezoj.

Kiam mi komencis skribi, mi ne havis celon konvinki vin pri io konkretan. Mi ne provis pruvi, ke ni flugalveturis de aliaj planedoj. Mi ne asertas, ke mi konas la veron pri nia deveno.

Malkaŝe dirante — mi ne scias.

Neniu scias.

Kaj jen — la tuta kerno.

KION MI FARIS — MI kolektis faktojn.

Faktojn pri tio, ke niaj korpoj estas malbone adaptataj al la Tero. Ke nia vertebraro disfaliĝas sub sia propra pezo. Ke nia haŭto bruligas sub la suno de planedo, sur kiu ni laŭdire evoluis. Ke niaj internaj horloĝoj ne estas sinkronigitaj kun la **24-hora** tago.

Ĉi tiuj faktoj estas realaj. Ilin eblas kontroli. Ilin rekonas la oficiala scienco — kvankam ĝi klarigas ilin alimaniere.

Faktojn pri tio, ke en nia *genomo* ekzistas **2–4%** de DNA de «aliaj specioj» — neandertalanoj, denisovanoj, nekonataj *«fantomaj»* populacioj. Ke kelkaj niaj genoj evoluis **70 fojojn** pli rapide, ol permesas la norma modelo de natura selektado.

Tio ankaŭ estas faktoj. Publikigitaj en sciencaj ĵurnaloj. Rekonataj de genetikistoj.

Faktojn pri piramidoj, konstruitaj kun precizeco, kiun ni apenaŭ povas reprodukti hodiaŭ. Pri dioritaj statuoj, skulptitaj el ŝtono malmoleco ol ŝtalo, laŭdire per kupraj iloj. Pri tutmondaj mitoj pri superakvo, kiuj sendepende aperis en pli ol **200** kulturoj.

Faktoj, faktoj, faktoj.

DEMANDOJ ESTAS PLI multnombraj ol respondoj.

Kial ni estas tiom obsedataj de la steloj, se nia loko estas ĉi tie?

Kial ĉiu antikva kulturo memoras pri *«ora epoko»* kaj posta falo?

Kial la plej antikvaj konstruaĵoj ofte estas pli perfektaj ol tiuj, konstruitaj poste?

Kial en nia genomo ekzistas genoj, kiuj evoluis tro rapide por natura procedo?

Kial ni sentas nin fremdaj sur la planedo, kiu laŭdire kreis nin?

Mi starigis ĉi tiujn demandojn. Mi proponis eblajn respondojn.

Sed mi ne insistas, ke miaj respondoj estas la sole ĝustaj.

ĈI TIU LIBRO TEMAS pri la pasinteco. Sed ĝi estas *por la estonteco.*

Se ni vere flugalveturis ĉi tien iam — ni postvivas. Adaptiĝis. Perdis teknologiojn kaj restaŭris ilin. Falis kaj leviĝis denove.

Tio devas doni esperon.

Ni estas pli fortaj, ol ni pensas. Pli rezistemaj. Kapablaj postvivi katastrofojn kaj rekomenci.

Sed ankaŭ ĝi devas doni *averton.*

Civilizacioj falas. Scioj perdiĝas. Tio, kio ŝajnas eterna, povas kolapsi dum unu generacio.

Ni devas lerni. Memori. Konservi.

Kaj eble, la venontan fojon, kiam ni atingos la stelojn — kaj ni atingos, mi estas pri tio certa — ni faros tion ĝuste. Ne kiel rifuĝintoj, fuĝantaj de katastrofo. Sed kiel esploraнтoj, portantaj la saĝon de jarmiloJ.

LASTE.

Dankon, ke vi atingis ĉi tiujn liniojn.

Dankon, ke vi donis ĉi tiujn ideojn ŝancon. Eĉ se vi ne konsentas kun ili.

Dankon, ke vi starigas demandojn. Ke vi dubas. Ke vi *pensas.*

Ĝuste tiel — per demandoj, dubo, pensado — la homaro atingis tion, ke ni lansas sondilojn al la randoj de la **Sunsistemo** kaj rigaras en la komencon de la tempo per teleskopoj.

Kaj ĝuste tiel ni iam trovos respondojn.

Al demandoj pri tio, *kiuj* ni estas. *De kie* ni venas. Kaj *kien* ni iras.

Dum tiam — ni povas nur rigardi al la steloj, senti la strangan sopiron, kaj starigi unu kaj la saman demandon, kiun la homaro starigas ekde la komenco de sia konscia ekzistado:

Ĉu estas iu tie?

Eble la ĝusta demando estas:

Ĉu estas iu tie, kiu memoras nin?

Aŭ eĉ:

Ĉu estas tie hejmo, al kiu ni iam revenos?

Mi ne scias la respondon.

Sed mi scias unu aferon: la demandojn indas starigi.

Ĉiam.

KUN RESPEKTO KAJ SCIVOLEMO,

Aŭtoro — same kiel vi vaganto sur ĉi tiu planedo.

Serĉanta respondojn. Trovanta demandojn.

Kaj mirigata ĉiutage pro tio, kiom nekredible estas, ke ni entute ekzistas.

Kia ajn estas nia vera komenco.

P.S. Se ĉi tiu libro igis vin almenaŭ por momento rigardi al la ĉielo kaj pripensi — mia celo estas atingita.

Daŭre rigardu supren.

Daŭre demandu.

Kiu scias — eble ĝuste via generacio trovos la respondojn.

Aŭ almenaŭ la ĝustajn demandojn.

David C. Sterling

2026

www.ingramcontent.com/pod-product-compliance
Lightning Source LLC
LaVergne TN
LVHW040442051026
849517LV00002B/716

* 9 7 9 8 2 3 3 2 2 6 7 6 2 *